Osprey Warrior

Imperial Japanese Naval Aviator 1937-45

Osamu Tagaya

目次 contents

4	1章	歴史 history
9	2章	募集と訓練 recruitment and training
15	3章	飛行訓練 flight training
20	4章	航空母艦発着訓練 carrier qualification
21	5章	信念と帰属意識 belief and belonging
25	6章	日本海軍搭乗員の精神 spirit of the imperial japanese naval airman
26	7章	服装と外観 dress and appearance
27	8章	武器と装備 weapons and equipment
31	9章	日常生活と前線部隊勤務 daily life and front-line duty
46	10章	戦術 tactics
51	11章	日本海軍戦闘機搭乗員の戦い the imperial japanese naval airman in combat
59		付録 appendices
59		用語説明
33		カラー・イラスト color plates
60		カラー・イラスト解説

裏表紙写真
教室での授業を熱心に聞く練習生。彼らの作業衣の胸には小判形の小さい名札がついている。

カラー・イラスト／ジョン・ホワイト

■訳者注、日本語版編集部注は［　］内に示した。

翻訳にあたっては「Osprey Warrior 55　Imperial Japanese Naval Aviator 1937-45」の2003年に刊行された版を底本としました［編集部］。

Osamu Tagaya has asserted his right under the Copyright, Designs and Patents Act, 1988, to be identified as the Author of this Work

Osprey Warrior

オスプレイ軍用機シリーズ
46

日本海軍航空隊ガイドブック
1937-1945

[著者]
多賀谷 修牟
[訳者]
手島 尚

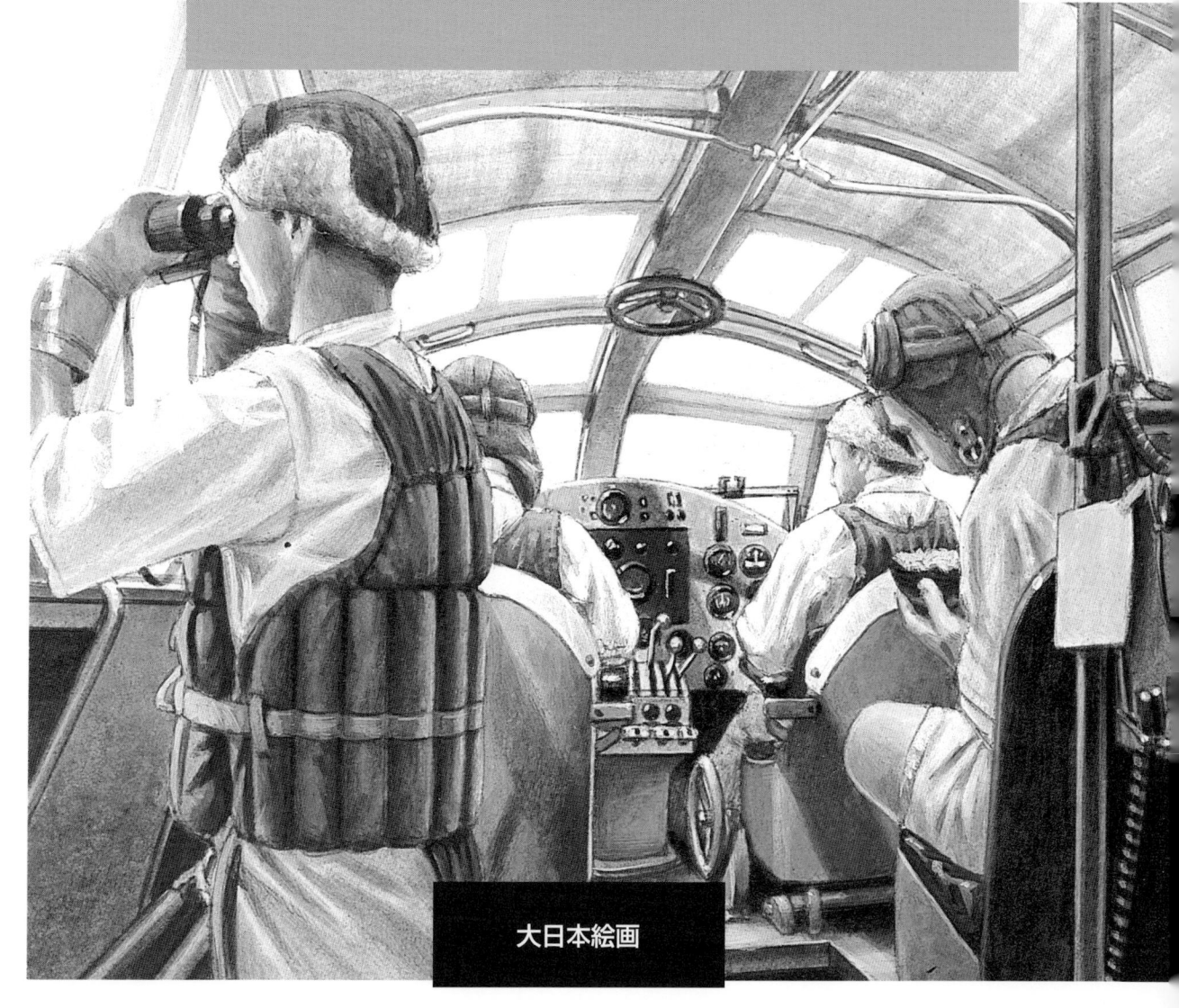

大日本絵画

chapter 1

歴史
history

　日本海軍の航空活動の初期には、パイロット養成訓練へ進む途は士官だけに開かれていた。しかし、航空はまったく新しく、見通しがはっきりしていない分野であり、海軍兵学校を卒業したエリートたちの大半にとって、将来の昇進の可能性が高い進路とは考えられなかった。海軍の航空活動を急速に拡充するためにはもっと広い範囲から人員を集める必要があると認識されたため、1914年（大正3年）3月、試験的に初めて下士官からパイロット訓練志望者が募集された。この試みが成功した結果、1920年（大正9年）5月に下士官兵（下士官と水兵を意味する）の層からパイロット訓練生を採用する制度が新たに設けられた。そして、数年の内に、下士官兵のパイロットの人数が将校パイロットを越えた。欧米の国では将校がパイロットの大半を占める状態が続いていたが、日本の航空部隊、殊に日本海軍の航空部隊では下士官兵がパイロットの任務の大半を担うようになった。実際に飛行任務につく士官の数は少なく、通常、中隊編隊（9機）、時には小隊編隊（3機）の長機の位置につくだけであり、編隊のそれ以外の位置につくのはすべて准士官か下士官兵パイロットだった。中国と太平洋の戦線での損耗が増大し、それに対応する訓練の拡大が十分に進まないために、第二次大戦の中期には必要に迫られて、下士官パイロットが中隊編隊と、時にはそれ以上の規模の編隊の戦術的指揮を取ることが多くなった。日本海軍では下士官パイロットの階層から最も多く戦闘機エースが現れ、その上位をほぼ独占した。爆撃・雷撃の任務に最も回数多く出撃したのもこの階層だった。最も多く飛び、最も多く戦い、そして最も多く戦死したのは下士官搭乗員だった。

　将校パイロットに対する訓練の内容は、それ以外の階級のパイロットの訓練とほとんど同じだったが、士官としての特権と責任があるために、隊内勤務では他の階級とは異なったエリートとしての態度を明らかに示した。本書は日本海軍航空隊の典型的な搭乗員の経験を記述することをテーマとしている。このため、下士官兵の階層に焦点を当て、彼らの上官である特権的な士官にはほとんどスペースを割かなかった。

　初めの内、下士官兵に対する搭乗員養成制度

飛行服を着て、装備を全部身につけた3名の訓練生パイロットが、上空を飛ぶ同僚の機を双眼鏡で追っている。

は"飛行術練習生"という難しい呼称の教程だったが、1930年（昭和5年）6月に正式に改称された。それ以降、この教程を受ける者は"操縦練習生"、略称では"操練"と呼ばれるようになった。それより少し前、1928年（昭和3年）に、下士官搭乗員養成訓練を受ける者を一般市民から募集・採用する途が開かれた。これは"飛行予科練習生"（飛行訓練を受ける前の予備的教育訓練を受ける者の意味）、略称"予科練"（飛行という語は昭和11年に追加された）であり、この制度の第1期生の教育は1930年に開始された。

　1930年代全体にわたって、操練と予科練は日本海軍の下士官兵搭乗員採用の重要な2つの途だった。操練にはすでに海軍に入隊している下士官兵は誰でも応募することができ、筆記試験の成績によって選抜された。予科練の応募資格は15歳から17歳の少年、終戦までの学制で小学校（昭和16年以降は国民学校）高等科2年

出撃前の作戦説明。搭乗員たちは作戦指揮官の合図で全員が時計を同調させる。日中戦争と太平洋戦争の全体を通して、日本海軍航空隊は通常、作戦説明と帰還後の行動報告をこのように屋外で行なった。この写真は日中戦争初期に撮影されたものであり、飛行ゴーグルは初期型であり、レンズは平面であって、その上部の縁は直線である。

修了、または中等学校2年修了であり、競争選抜試験によって採用された。合格者が受ける訓練教程の期間は初めは3年だったが、日中戦争勃発とともに2年半、次に太平洋戦争開始とともに2年に短縮された。教程の内容は海軍の方式による基礎的教育と訓練だった。操練の方はパイロット訓練に採用される前に海軍の別の兵種で基本的訓練を受けているので、すぐに実

予科練練習生の手旗信号訓練。予科練制度の教育・訓練は練習生が飛行訓練の教程に進む前に、海軍生活の全ての面を理解させることに重点を置いていた。
（via Edward M.Young）

際の飛行訓練に進み、教程修了までの期間は合計で1年ほどであった。第二次大戦終結までの日本の教育制度はドイツのギムナジウム制度をモデルとしており、次のような段階になっていた。

　小学校：6年（卒業後、中等学校に進まない者は、希望すれば2年制の小学校高等科に進むことができた）、中等学校：5年、高等学校：3年、大学：3年という学制である。

　1930年代の進行とともにパイロット要員の必要数が高まり、それに対応するために新たなパイロット補充のコースが新設された。それは1934年（昭和9年）に設けられた"航空予備学生"の制度であり、大学または専門学校を卒業した青年（大学の場合は26歳未満、専門学校の場合は24歳未満）が集められ、航空術の教育を行って予備要員である予備士官に任用するためのものであった。初めの内、この制度の対象は日本学生航空連盟──全国の大学と専門学校に支部が拡げられていたスポーツ飛行クラブ──の中で海軍の支援を受けていた海洋部のメンバーに限られていた。これは、志願者が予備士官となって士官の列に流れ込んでくる水門を開くことになると見て、海軍兵学校出身のエリートたちが抵抗したため、太平洋戦争が始まる前の期間、この制度は小規模に限定されていた。1934年の第1期の入隊者は5名、1941年（昭和16年）4月の第8期生は43名のみであり、開戦後の1942年9月の第11期生でもまだ85名に過ぎなかった。

　この制度の実施規模が大幅に拡大されたのは1943年であり、この時に適用範囲が高等学校（旧制高校。新制大学の4年の課程の前半、教養課程にほぼ相当する）の在学者にまで拡げられた。これは米国の施策と対照的である。米国は1940年に大学生相当の年齢の青年を対象とした航空機乗員の訓練を開始し、その結果、職業的軍人以外に膨大な人数のパイロットが養成され、米国に第二次大戦の航空戦においての勝利をもたらした。

　日本海軍の中では保守主義者の度量の狭い見識が幅をきかせていたが、1930年代の後半、世界の諸国が新たな大戦に向かって流されて行き始めると、パイロット養成訓練拡大が緊急に必要であることは誰の目にも明らかになった。そこで1937年（昭和12年）5月に、16歳から19歳までの青少年を募集する制度が新たに設けられた。応募者の資格は中等学校で3年半までの課程修了者（戦後の新制高等学校1学年の半ばに相当）である。この制度の第1期生は1937年9月、宣戦布告なしで"支那事変"が始まったすぐ後に入隊した。これらの青少年は"甲種飛行予科練習生"と呼ばれた。この略称"甲飛"は他のコースより遙かに大量の搭乗員を送り出す制度となった。それと同時に、1928年に始まった最初の予科練は"乙種飛行予科練習生"と改称された。1940年（昭和15年）には、海軍の下士官兵から応募者を集めていた1930年以来の"操練"制度が廃止され、それに代わって"丙種飛行予科練習生"が新設された。

　海軍に入隊する時点での教育程度が高いことを反映して、甲種予科練は飛行訓練に移る前の基本教育と訓練の期間は1年半（後には1年、そして太平洋戦争後半にはそれ以下に短縮された）のみだった。丙種予科練は、すでに他の兵科で海軍の訓練を済ませているので、基本教育に必要な期間は2カ月ほどに過ぎず、この後に飛行訓練に進んだ。

　この時期には3種の予科練コースの飛行訓練自体は共通の内容になり、全員が"飛行練習生"または"飛練"と呼ばれた。それとは対照的に、飛行

訓練を受ける兵学校出身者は"飛行学生"と呼ばれた。

操練の基礎飛行訓練の基地は茨城県、霞ヶ浦に面した霞ヶ浦海軍航空隊だったが、その後、1938年には筑波航空隊、1939年には矢田部航空隊の例のように他の基地に拡大された。

予科練の訓練は最初、日本海軍の最古の飛行場である横須賀の"飛行予科練習部"で行われていたが、この基地が手狭になってきたため、霞ヶ浦海軍航空隊の北側の湖岸に新しい施設が設けられると、この部は1939年3月にそこへ移動し、同航空隊の予科練部となった。そして、以前からの操練制度に代わる丙種予科練は、1940年10月にここで発足した。その年の11月、この飛行場に本部庁舎が完成すると、予科練部は独立し、霞ヶ浦空の北側にある最も大きな町の名を取って土浦海軍航空隊という名称があたえられた。

1941年から1942年にかけて予科練の人員は着実に増大して行ったが、この訓練に当てられる基地には2つの海軍航空隊が追加されただけだった。1939年12月に開隊され、1941年11月に予科練教育担当の任務を追加された岩国航空隊（1943年10月にこの任務は除外された）と、初めから予科練教育のために新設された三重航空隊である。1943年になってやっと予科練の計画規模は大幅に拡大された。採用判定の基準が下げられたのである。1944年には応募者の修学の必要条件が緩和された。それとともに訓練基地も増大され、太平洋戦争末期には20個所ほどの海軍航空隊が膨大な人数の予科練訓練に力を傾けた。しかし、そこで訓練された搭乗員は、戦前にこの制度で訓練された少人数精鋭の搭乗員と比べると、練度には大きな差があった。

1943年の春、丙種予科練は廃止され、その代わりに"乙種（特）予科練"、略称"特乙"がその年の4月に発足した。これは乙種予科練合格者の中から年齢の高い者を選び、修業期間を通常より5～7カ月短縮して訓練する制度である。しかし、この制度は、1944年10月に最後となる期の訓練が始まったのに続いて廃止された。その前月、予科練を搭乗員以外の任務の要員に転用する措置が取られ始めた。訓練のための練習機と燃料の不足の結果である。これらの"翼のない"予科練は主に整備と通信の任務に廻された。1944年9月には初めて、予科練修了者の中から直接に特攻部隊に配属される者があった。本書が意図する主題ではないので、特攻の戦いの記述はこれだけに留めるが、大戦末期の数カ月、日本海軍の多数の若い搭乗員が悲劇的な運命をたどった。

1945年（昭和20年）3月1日、すべての飛行訓練停止が正式に命じられた。すべての航空燃料は当面の戦闘に当てられるか、予想される連合軍の本土上陸作戦に備えて備蓄された。航空機はす

無線電信訓練。

べて実戦用とされた。特攻部隊で第一線機が欠乏すると、それに代わって練習機が出撃した。そして、練習機もなくなると、悲運の予科練は人間魚雷"回天"、特攻水上艇"震洋"、小型潜航艇"蛟龍"など、どのような方法によってであれ自分を犠牲にして戦う決意を固めた。1937〜45年の戦争の期間に予科練に入隊した24万1463名（この数字には丙種予科練に切り替えられる前の操練と、飛行訓練を受けた士官は含まれていない）の内、さまざまな階級にわたる約1万8900名が戦死した。

　振り返って見ると、日本海軍は航空機搭乗員養成について排他的な精鋭選抜の方針をあまりにも長期にわたって維持していた。1938年まで、乙種予科練の年間の採用数は200名をほとんど越えず、1期の採用者が初めて1000名を越えたのは1941年（昭和16年）5月のことである。1942年12月入隊の乙種予科練第19期の人員は1500名に過ぎなかったが、その次の第20期、1943年5月入隊の採用者は突然、2951名に急増した。予科練制度の中で規模が格段に大きい甲種予科練も、日中戦争の時期の大半にわたって1期の人員は毎年250〜260名の範囲だった。1942年4月入隊の第10期で初めて人員が1000名を越えた。その1年後の第12期は入隊が4月、6月、8月の3つのグループに分かれ、入隊者は、合計3215名となった。その次の第13期は1943年10月入隊と12月入隊の2つのグループに分かれ、人員は爆発的に増大して、合計2万8000名近くに達した。

　日本海軍の搭乗員採用・訓練は選び抜かれた少数精鋭のグループの養成から大量採用へ体制が変化したが、その転換はあまりにも遅かっただけでなく、あまりにも突然に行われた。太平洋戦争勃発までに戦歴を重ねた日本海軍の搭乗員たちは真珠湾攻撃で戦果をあげ、驚くべき速度で東南アジア進攻作戦を成功させ、素晴らしい航空戦闘技量を発揮して強力に戦ったが、兵力の厚みが乏しいのが弱点だった。1942年6月のミッドウェイ周辺の空母部隊間の戦闘と、その年の後半のガダルカナル島をめぐる海空攻防戦での損耗により、このグループの損耗が進んだ。1943年のソロモン諸島とニューギニア上空での消耗戦によって戦前以来の古参搭乗員は激しく減少し、その補充として戦線に送られてくる搭乗員の経験と技量は低下して行く一方だった。その後、1944年6月には米国海軍の太平洋艦隊との大激戦が起きた。米軍側はフィリピン沖海戦、日本側ではマリアナ沖海戦と呼んだこの海空戦では、日本海軍が大幅に拡大した養成制度によって送り出した搭乗員が、米国の大量養成の乗員と戦い、悲惨なまでに実力差があることが明らかになった。当時、日本側が実施していたレベルを下げた速成の養成訓練さえも満足に済ませていない若い搭乗員が、もっと実戦経験を重ねた乗員が操縦する高性能の戦闘機と、強力な対空火器と有効なレーダーを装備した艦艇とを相手とした戦いに投入されたのである。数年前には高い誇りを持って戦った日本海軍の搭乗員たちは、彼らの献身に見合う戦果をあげることもできず、大量に撃墜されて行った。それ以降、絶望的な下降線をたどり、ついに特別攻撃隊の体当たり出撃に進んだのである。

　日本が労働力と工業の生産力が自国の10倍も高い国を相手に戦争を始めたのは基本的に誤った判断であり、太平洋戦争の結末はその愚かな判断の結果だったと言うことができる。しかしながら、もっと早い時期に、十分に訓練を受けた航空機搭乗員のもっと大きな予備兵力を確保していたならば、日本の航空部隊の実効戦闘力がこれほど突然に、または劇的に崩壊す

■年表 chronology

● 1930年（昭和5年）6月1日
飛行術練習生制度が操縦練習生（操練）制度と改称された。
新たな飛行予科練習生（予科練）制度の第1期が入隊。

● 1937年（昭和12年）7月7日
蘆溝橋事件。この事件が発火点となって日中間の全面的戦争に拡大。

● 1937年9月1日
新設された甲種予科練の第1期が入隊。それまでの予科練は乙種予科練と改称。

● 1939年（昭和14年）3月1日
横須賀航空隊の予科練習部が移動して、霞ヶ浦航空隊予科練習部（予科練部）となる。

● 1940年（昭和15年）10月1日
操練制度に代わって新設された丙種予科練の第1期の教育開始。

● 1940年11月15日
霞ヶ浦航空隊予科練部が独立して土浦航空隊となる。

● 1941年（昭和16年）12月8日
真珠湾攻撃。太平洋戦争勃発。

● 1942年（昭和17年）6月4〜6日
ミッドウェイ海戦。

● 1942年8月7日
ガダルカナル島に米軍海兵隊が上陸。同島攻防戦始まる。

● 1943年（昭和18年）2月1〜7日
日本軍がガダルカナル島から撤退。

● 1943年4月1日
乙種（特）予科練の第1期が入隊。

● 1944年（昭和19年）6月19〜20日
マリアナ沖海戦。

● 1944年10月20日
米軍がフィリピン、レイテ島に上陸開始。

● 1944年10月25日
神風特攻隊（5隊）が初めて出撃し、戦果をあげた。

● 1945年（昭和20年）3月1日
日本海軍、飛行訓練を停止。

● 1945年4月1日
米軍、沖縄本島南部に上陸。

● 1945年8月6日
米軍、広島に原爆投下。

● 1945年8月9日
米軍、長崎に原爆投下。

● 1945年8月15日
日本、連合国に無条件降伏。

ることはなかったのではないだろうか。太平洋戦争の末期の数カ月、敗北の連続の中でも、生き残ったわずかな数のベテラン搭乗員たちは、敵の大部隊に対して孤独な戦いを続け、彼らの高い空中戦闘技量によって敵と味方を同様に驚愕させることができた。彼らの戦いぶりは日本海軍搭乗員の真の伝統の最後の輝きだった。彼らは同志的な連帯をもつエリートの小さな集団の一員であり、完全に近い訓練を受けて実戦経験を積み、歴史の流れの中ではわずかな時間に過ぎないが、世界で最も恐れられた飛行機乗りとしてアジアと太平洋の空を支配したのである。

chapter 2
募集と訓練
recruitment and training

　この章では訓練生の生活をご紹介しよう。対象は最初に始められた予科練制度、1937年（昭和12年）に甲種予科練が新設された時に乙種予科練と改称された制度の訓練生だが、彼らの体験はどの種類の予科練の訓練生たちにも共通なものである。甲種と丙種は乙種より訓練期間が短い点が異なっているだけだからである。ここに書かれた訓練課程の期間は、1937年に日中戦争が始まると短縮され、1941年12月に太平洋戦争が開始されると、また一段と短縮された。

　10歳代の少年が日本海軍の航空隊に入隊したいと志望する動機はさまざまだったろうが、その大半を占めるのは飛行機に対する憧れだった。航空機発達の黄金時代であった2つの大戦の戦間期に成長した彼らは、空を征服する人間の活動と空を飛ぶことの魅力に心を捉えられた。しかし、1930年代には日本海軍の中で航空と潜水艦は危険が高い勤務と見られていたので、これらの部門を志望する者は願書に親の同意を示す署名捺印が必要とされていた。自分の息子たちの安全を心配して親たちが反対し、志望する若者や少年がねばり強く説得を重ねてやっと同意を得る例が少なくなかった。時にはまったく聞き入れられない場合もあった。そのような時、飛行機乗りになる決意を固めた少年が親の印鑑を勝手に捺して、願書を提出した例もあった。

　この最初のハードルを越えた海軍搭乗員志望の若者たちは、きわめて競争率の高い筆記試験に臨むことになる。この試験は戦前の早い時期には年に一度（1938年からは年に二度、またはそれ以上になった）、全国に点々と設けられた試験場で行われた。大戦前の大半の時期、受験者2万名に対して合格者は200名ぎりぎりか、それ以下であり、合格率は100名に対して1名、またはそれ以上の難関だった。海軍の他の部門の志望者たちとともに、航空志望者は最初に問題50問、時間15分の数学の試験を受け、次に50問、

三式初歩練習機搭乗の準備をする"飛練"練習生たち。三式一号初練（K2Y1）は130馬力の三菱マングース空冷星型エンジン装備だったが、三式二号（K2Y2）は160馬力の瓦斯電"神風"エンジン装備に変わった。

20分の読み方と書き方の試験を受けた。試験が終わると間もなく、試験官が名簿を読み上げた。名前を呼ばれなかった志望者は落胆したが、読み上げられたのは不合格者のリストだとすぐに分かって、安堵した。他の部門の志望者の合格ラインは一段低かったが、航空志望者は合格するために平均85点が必要だった。

　続いて徹底的な身体検査が行われた。身長、体重、胸囲、視力、聴力、反射能力、肺活量、筋力、血圧が測定された。ここで再び多くの少年がふるい落とされ、身体検査合格者は次に40分にわたる適性検査と主任試験官による面接試験を受けた。これで第一次試験は終了し、最終的結果は2カ月ほど後に郵便で通知された。それに続いて、第二次試験の試験を受けるために出頭するようにとの通知が送られてきた。この3〜5日間の試験は各海軍管区の主要な航空隊で実施された。大戦前の予科練の試験の場所は初めの内は横須賀航空隊であり、後に土浦に移された。この試験はさらに精密な身体検査と、筆記テストと運動テストによるもっと厳密な適性検査が中心だった。この回の試験に合格すると予科練制度の訓練を受けるために正式に入隊することになった。入隊の日には民間人の衣服を脱ぎ、日本海軍の伝統的な紺と白の水兵服に着替え、4等航空兵の階級を与えられた（日本海軍航空隊の下士官兵の階級呼称は右の表の通りである）。

　本書に書かれている時期、1920年代末から大戦終結までの間に、下士官兵の階級呼称はこのように3回にわたって変更された。このため、この時期を研究する人たちが混乱する可能性があるが、右に示した表はその混乱を避けるために役立つはずである。

　新入隊者たちにとって最初の日の最大の行事は入隊式である。彼らは広い練兵場に整列して気をつけの姿勢をとり、高い号令台に立った基地司令が全員を見下ろして訓示をあたえた。入隊式の翌日、これらの15歳から17歳の間の少年たちの新しい生活が始まった。すぐにも飛行機乗りになれるのだという彼らのあこがれと夢は、毎日の生活の厳格な規律と強烈な鍛錬によって見る間にふっとんでしまった。それから3年間の訓練は複雑な航空術とはほとんど関係なく、大部分は一般的な学科と海軍の他の部門についての教育に当てられた。予科練の基礎教育課程は、採用された少年たちの教育水準を中等学校修了（戦後の米国型教育体系では高等学校の2学年修了と

■1929年（昭和4年）5月1日〜1941年（昭和16年）5月31日

階級区分	階級呼称
准士官	航空兵曹長
下士官	一等航空兵曹
	二等航空兵曹
	三等航空兵曹
兵	一等航空兵
	二等航空兵
	三等航空兵
	四等航空兵

■1941年（昭和16年）6月1日〜1942年（昭和17年）10月31日

"航空"という科の呼称が"飛行"に変更されたが、それ以外は以前と同じである。

階級区分	階級呼称
准士官	飛行兵曹長
下士官	一等飛行兵曹
	二等飛行兵曹
	三等飛行兵曹
兵	一等飛行兵
	二等飛行兵
	三等飛行兵
	四等飛行兵

■1941年（昭和16年）11月1日〜大戦終結

陸軍の階級呼称に合致させるための変更が行われた。下士官の最上位に上等飛行兵曹が加えられ、従来の3段目、最下位の三等飛行兵曹が廃止された。兵の最上位に飛行兵長、2段目に上等飛行兵が新設され、従来の3段目と4段目、三等飛行兵と四等飛行兵が廃止された。

階級区分	階級呼称
准士官	飛行兵曹長
下士官	上等飛行兵曹
	一等飛行兵曹
	二等飛行兵曹
兵	飛行兵長
	上等飛行兵
	一等飛行兵
	二等飛行兵

初歩練習機の課程を終わると、練習生たちは九三式中間練習機の課程に進んだ。陸上機型の型式記号はK5Y1だった。日本海軍の練習機は親しみを込めて"赤とんぼ"と呼ばれた。1939年以降、機体全体がオレンジイエローの塗装になったためである。

同程度）に高めること、海軍軍人としての基本的訓練と海軍での生活についての広い知識をあたえること、そして日本海軍の職業的戦士として必要な攻撃精神を身につけさせることを目的として作られていた（甲種予科練の場合は入隊時までに、中等学校4学年1学期までの教育を受けていたので、入隊後1年半の教育によって中等学校卒業者と同等な学力をあたえるように計画された）。

　訓練課程の最初の2カ月（日中戦争が始まってからは3カ月）は集中的に軍事教練と地上戦闘訓練が実施された。"懦弱な"民間の少年を鍛えて、少なくとも外見だけは日本海軍の軍人らしく仕上げるためである。日本の軍隊では体罰は日常あたりまえのことであり、海軍もその例外ではなかった。どれほど些細なことでも規律違反が発見されたり、"精神"が欠けていると見られたりすれば、教官、教員、古い期の練習生から即座に懲罰が加えられた。"精神棒"でしりを叩かれたり、拳骨で顔を殴られたりするのは新入りの練習生たちにとってはまったく日常のことだった。この野蛮な入門儀式を終えた後に、新入りたちは予科練生の日常生活に馴染んで行った。

　起床ラッパは0600時（夏には0500時）だった。ラッパとともに練習生たちはハンモックから跳び出し、それを規定通りにぴったり畳んで巻き、25×30×100㎝の袋に詰め込み、各自それをネッティングに収納する。それから、真冬でも冷たい水で洗顔した後、練兵場まで走って行き、0610時までに全員整列する。朝の儀式、"朝礼"を予定通り0615時に始める態勢を整えるのである。朝礼は"宮城遙拝"から始まる。この号令とともに一斉に宮城の方向

に身体を向け、次の号令で最敬礼する。そして次に明治天皇が軍人に下賜された聖訓5カ条を奉誦する。予定された時刻の5分前に行動開始の態勢を取るのが日本海軍の通常の作業手順とされた。そして、隊列を組んで歩調を合わせて行進する場合だけを例外として、若い練習生は常に駆足で行動するのが不文律とされていた。新入りの練習生が歩いているところを先輩に見つけられると、"精神がたるんでいる"と言われて必ず鉄拳制裁を受けた。朝礼の後は朝食──通常、麦が混った米飯と味噌汁と漬物──だった。朝食が済むと練習生たちは教室に入って、45分の間、自習する。それから彼らは再び練兵場に出て0800時ちょうどに整列し、分隊ごとに行進して教室に入り、0815時に授業が始まる。午前中の4時間には55分の授業が4回あり、その間には5分間の休憩があった。休憩の時間も皆が"首席"に立とうとして頑張り、休む余裕はなかったと多くの予科練出身者が語っている。午前中の授業は1215時に終わり、練習生は兵舎に帰って昼食を取った。

　各々の班（班員の数は同期の人員数によって異なるが、12～18名の程度）から週ごとに交替する2名か3名の食事当番が烹炊所に行き、自分の班の食事を入れた容器を受け取って、食卓に配膳する。食事は通常、魚か肉と、いつもの通りの麦飯と漬物である。木製の食卓は長さ5m、幅1mで各班に割り当てられ、班員はそれに向かい合って座り食事をした。予科練修了者のひとりは次のように語っている。

「テーブルの一方の端に座っている班長の号令によって食事は始められた。食事もやはり大急ぎだった。いつも次の予定は何かを考えていて、まともに噛まずに飲み込んでしまうガツガツした食べ方をすることが多かった」

　午後の課業は1315時に始められた。午前中と同様に、練習生は練兵場に整列し、隊伍を組んで教室に入る。午後も55分の授業と5分の休憩が3回続いた。午後の最後の課業は通常は体育に当てられた。特に土曜の午後はチームスポーツ、武道、陸戦（地上戦闘訓練）が多かった。武道は柔道と剣道である。スポーツには漕艇訓練とラグビーが含まれており、日本海軍の伝統に英国の影響が強いことが現れていた。

　午後の課業が終わり夕食が済んだ後が、一日の中で練習生たちにとって最も貴重な部分だった。1時間半の自由時間があたえられるのである。成長期のティーンエイジャーたちにとっては、毎日3回の決まり切った食事の量は不十分に感じられることが多かった。自由時間に酒保に走って行き、うどんや汁粉を食べるのが彼らの大きな娯楽だった。しかし、自由時間は入浴や洗濯のような各人の身のまわりの雑用にも当てなくてはならなかった。

　1900時から2145時は夜の自習時間である。練習生は教室にもどってその日の授業の復習、宿題の処理、翌日の授業の予習に努めた。この間、静粛が厳しく守られた。1時間半の自習の後、15分間の休憩があり、練習生は各々練兵場に出て号令発声練習を繰り返した。これには段々に進んできた眠気を吹き飛ばす効果があり、それを終わると教室にもどって残りの時間の自習に努めた。2145時、練習生は兵舎に帰り、ハンモックを吊って、2200時（夏季は2100時）に巡検が始まるまでに就寝の態勢に入った。

　予科練の普通学課程には代数、幾何、物理、化学、歴史、地理、国語、作文、漢文、英語を含む30の教科が含まれていた。軍事学には軍制、機関、航空工学、通信などの座学の外に、通信、陸戦、射撃、短艇などの実技訓練があり武技・体技には柔剣道、銃剣術、水泳、相撲などがあった。2年目と3年

離陸直前の教官のクローズアップ。伝声管を通して練習生に離陸前の最後の注意をあたえている。

その注意を緊張して聞いている練習生。彼の飛行帽の左耳のあたりに伝声管が取りつけられている。教官も練習生も"猫の目"型の飛行ゴーグルを着用している。曲面の大きなレンズつきのこのゴーグルは、1937～45年の期間の大半にわたって日本海軍の標準の装備品だった。

目には航空関係の教科の比重が増大した。練習生はすべての教科で最低40点、全教科の平均を60点以上に維持しなければ落第とされた。彼らは必要な点数を確保しようとする意志が堅く、規則違反を承知で、消灯後にハンモックから抜け出て薄暗い電球の下に座ったり、毛布の中で懐中電灯を点けたりして勉強する者も多かった。

予科練制度のユニークな特徴は班の中での各々の練習生の位置が学科の点数の席次で決められることだった。その例外はスポーツなど体技の課業で身長の順に並ぶ場合だけである。それ以外の場合、教室での座席の位置、食堂のテーブルの前に座る場所、練兵場で整列する隊列の中での位置などを見れば、各々の学業成績の順位が一目で分かった。この位置は毎年の成績順位の変化に従って変更された。

予科練の訓練課程の2年目の終わり近くになると、練習生たちが入隊した時以来待ち続けていた機会——実際に飛行機に乗る機会がやっと目の前に現れた。彼らは1カ月にわたって実際に飛行機を操縦して適性テストを受けるのである。1930年代いっぱいと太平洋戦争の初期には三式陸上初歩練習機（型式記号K2Y1）が使用された。この複操縦装置・複座の複葉機は、海軍が大正10年に英国から輸入して長く使用したアヴロ504Kをベースにして、横須賀海軍工廠が設計した練習機で、最初の型は130馬力の三菱マングース空冷星型5気筒エンジンを装備していた。日中戦争勃発以前の時期には、このための飛行は霞ヶ浦空の友部分遣隊で行われていたが、この隊は1938年（昭和13年）12月に独立して筑波航空隊となった。三式初練では通常、教員が前席、練習生が後席に搭乗した。練習生がテ

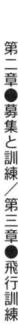

単独飛行の段階に進んだ練習生。自分ひとりでの離陸を前に、教官からの最後の注意を聞いている。

ストされるのは目と手の連携、円滑な操縦操作、直線・水平の飛行コースの維持、基本的な旋回運動における制御能力の程度だった。進歩が速く、幸運に恵まれれば、このテスト期間の内に単独飛行を許される者もあった（日中戦争開始後、この適性テストは2年目の終わりより早い時期に行われ、期間も目立って短縮された。練習生は実機搭乗の前にリンク・トレーナー（海軍では地上練習機と呼ばれた）によってテストされた。太平洋戦争の後期にはこの適性テストは、甲種予科練の場合は入隊から1カ月半後、乙種はだいたい3カ月後に実施され、苦しい戦いの中で訓練期間が短縮された状況を明白に反映している）。

訓練課程の3年目、最後の1年が始まった時、予科練たちは過去2年の苦しい訓練を耐え抜いてきたことを、誇りを持って振り返ることができた。彼らは苛酷な日常生活に十分に慣れ、鉄拳制裁や精神棒を受ける回数が少なくなった。その上、彼らは先任の練習生として新入の練習生や、同期の中でも席次の低い者を"鍛えるために"に拳を揮った。

少し前に実施された適性テストの結果に基づいて、班内で練習生たちは操縦と偵察の2つの進路に振り分けられた。2つのグループには異なったカリキュラムがあり、操縦予定者の課業はエンジン整

備に、偵察予定者の課業は通信に重点が置かれた。

　平和な時代には、予科練の訓練課程の最後の数カ月にわたって艦隊の艦艇に乗り組んでの艦務実習が行われていた。日中戦争勃発とともにこの訓練は中止されたが、後に復活した。大戦前の訓練課程は3年間であり、平均2割が落第する訓練の中で生き残り、全課程を立派に修了した最上級の練習生は一等飛行兵の階級をあたえられ、卒業して行った。卒業式の日には、以前の彼らも同様だったように整列した下級の練習生の前を隊列を組んで行進し、隊門の手前で廻れ右をして見送る者たちと正面から向かい合った。そして、日本海軍伝統の"帽振れ"の号令とともに全員が帽子を脱ぎ、右手に高く掲げて力一杯振り、歓声をあげて見送り、見送られた。

chapter 3
飛行訓練
flight training

　予科練の課程を修了した者は、ただちに実際の飛行訓練のための"飛行練習生"、略称"飛練"の課程に進んだ。大戦前には、このコースは7カ月間であり、初歩と中間の2つのレベルの飛行訓練が行われた。新たにこのコースに入った者は水上機（フロートつきの機と飛行艇）と陸上機（車輪つきの機）のコースに分けられた。水上機コースは霞ヶ浦湖岸の水上機ランプに発着して訓練を受けた。陸上機コースの者の飛行訓練も霞ヶ浦航空隊で行われた。この航空隊は隊史の大半にわたって日本海軍の飛行訓練のメッカとされていた。これは米国海軍航空隊にとってのペンサコラと同様だった。

　霞ヶ浦航空隊は、土浦の鉄道の駅からバスに乗ってわずかな時間で到着する距離だった。基地の正面までの100mほどの両側には見事な桜の並木が続いていた。春の桜の満開の季節にはこの並木の通りは素晴らしい景観であり、その上空では1年中を通じて絶え間なく飛行場の場周コースを飛ぶ練習機の爆音が轟いていた。予科練課程を修了したばかりの若者たちはこの並木道を歩み、隊門を通る時、"世界で最高の海軍の飛行機乗りたち"がこの道を通るのだと固く信じていた。1930年代の後期全体と太平洋戦争の初期までは、この誇りには十分な根拠があった。

　予科練の時代の厳格な規律とはやや違って、飛行練習生はある程度の自由をあたえられた。喫煙や飲酒の禁止は解かれ、土曜の午後から日曜の夜まで1泊の"休日上陸"（上陸は基地からの外出の意味）も許されるようになった。予科練の間は日曜の"上陸"が許されるだけだった。

　三式初練による飛行訓練が本格的に開始された。各練習生に十分に目を配ることができるように、通常は1名の教官の下に置かれる練習生は3名とされていた。この適切な人数の比率は1940年まではきちんと維持された

左頁下と上●三式初歩練習機とは違って、この九三式中間練習機は活発な特殊飛行が可能だった。

練習生が実際の飛行訓練に進む前に、この地上練習機（リンク・トレーナー）によって各々の飛行適性検査が行なわれた。

が、それ以降、教官1名が担当する練習生の数が増大し始め、1941年の内に霞ヶ浦では6名に倍増し、太平洋戦争の進行につれて増加し続けた。通常、午前は実際の飛行訓練に当てられ、午後は陸上機組と水上機組が一緒に並ぶ座学に当てられた。飛行訓練の内容は基本的操縦であり、基礎的な特殊飛行──宙返り、横転、失速、錐もみなど──も含まれていた。訓練飛行の際、関東平野の北西部に高くそびえている筑波山と、南西の遠くに見える富士山は練習生たちにとって絶好の方位確認ポイントとなった。大方の練習生は10時間ほどの同乗飛行を重ねた後、単独飛行に進んだ。新米パイロットが彼の飛行経歴の中でこの重要な線に達したことを喜び、躍り上がって飛ぶ時には、赤い吹き流し、または三角形の小旗が右の翼の支柱か

単独飛行の課程を終わると、練習生は編隊飛行の訓練に進んだ。これは富士山を背景として飛ぶ九三式中練3機の小隊編隊である。この3機は全体が銀色、尾部だけが赤の塗装である。その後、機体全体がオレンジイエローの新しい塗装に変わった。

尾翼に取りつけられた。近くを飛ぶ他の機のパイロットに警戒を促すためである。

初歩練習機による2〜3カ月の訓練の後、"飛練"は九三式中間練習機に移行した。出力300馬力の天風一一型空冷星型9気筒エンジンを装備したこの複葉機は、日中戦争の初期から大戦終結までの間、日本海軍の飛行訓練の主力機として活躍した。陸上機型（型式記号K5Y1）と水上機型（型式記号K5Y2）の2つの型があり、合計5500機が生産され、海軍のどの訓練基地にも並んでいた。第二次大戦中、連合軍側はこの型に"ウイロー"というコード名をつけていたが、日本海軍では"赤とんぼ"と言う通称で親しまれていた。1939年以降、海軍の練習機は機体の全体にわたって黄色味が強いオレンジ色に塗装されたので、この呼び名が生まれた。九三式中練はエンジンの馬力と速度が三式初練の2倍であり、激しい特殊飛行に使用することもできた。九三式中練では練習生は視界の広い前席に搭乗し、操縦の感覚を一段と強く身につけることができた。訓練には基地から離れた空域に出る陸上航法飛行、高度5000mの飛行、編隊運動、計器飛行など、新しい課業が加えられて行った。中練による訓練の終わり近くに、練習生はどの機種を専門に選びたいか希望提出を命じられた。世界中どこでも同様だが、若いパイロットたちの大半は戦闘機操縦を志望した。もちろん、誰もが志望通りに進むことができたのではないが、専門任務決定の前には各人の志望が十分に考慮された。

約5カ月の中練による飛行訓練の後、飛行練習生たちは最後の試験を受けることになった。この試験は空中で行われ、その内容は基本的な操縦技量、曲技飛行、航法、限られた滑走距離内での着陸などである。このテストの結果は練習生の最終的な成績とされ、同時に各人の専門任務を決定す

九三式中練の後席に布製の覆いを取りつけて、盲目飛行訓練が行なわれた。練習生は外界が見えない状態の下で、計器に注意を集中して操縦した。

中間練習機による訓練の最後の段階は大規模編隊飛行と操縦技量の最終的なテストだった。1940年までは、これを終った練習生は、搭乗員であることを示す"特技章"を右袖につけることになっていた。

る大きな要素にもなった。

　この時点で飛行練習生は、皆が憧れる"特技章"——英軍や米軍の航空機乗員が左の胸につける記章、"ウイングズ"に相当する——をユニフォームの左袖につけることができた。右袖には階級章がそれ以前からついていた。飛行練習生の特技章は様式化された鷲の羽根が左右に拡がり、それが錨の上に重ねられ、その上方に五弁の桜がついたデザインであり、それが円形のフェルトの地に置かれていた。冬にはダークブルーの地の上に赤い模様、夏は白地の上にダークブルーの模様という色合いだったが、1942年4月以降、冬と夏のユニフォームに共通で、黒の地に黄色の模様に変えられた。

　彼らはパイロットの資格を示す記章を袖につけたが、飛練課程修了者はまだまだ一人前のパイロットとは扱われなかった。彼らは戦闘機、急降下爆撃機、雷撃機、その他の専門任務に分かれ、日本海軍の用語で"延長教育"と呼ばれる課程、実用機による上級訓練に進んだ。このパイロット訓練最後の段階の期間は、機種によって多少の差はあったが、5カ月から6カ月だった。戦前と日中戦争の時期には、艦上戦闘機のパイロットは佐伯航空隊、または大分航空隊、艦上爆撃機（急降下爆撃）は館山航空隊、後には宇佐航空隊、艦上攻撃機（雷撃・水平爆撃）は通常は館山航空隊で延長教育を受けた。双発の陸上攻撃機のパイロットの延長教育の基地は木更津航空隊だった。訓練に使用されるのは"実用機"だったが、最も古い型から始まって新しい型の機に移っていく方式が取られた。戦前と日中戦争の時期、戦闘機の訓練は中島九〇式艦上戦闘機——単座のA2N1と複座の練習戦闘機A3N1の両方——で始められ、次に中島九五式艦戦、A4N1に移行した。急降下爆撃機の訓練は愛知九四式艦爆、D1A1で始まって愛知九六式艦爆、D1A2に移行し、雷撃機の訓練は三菱八九式艦攻、B2M1・2で始まり、空技廠九二式艦攻、B3Y1に移り、次に空技廠九六式艦攻、B4Y1に進んだ。

　やっとのことで延長教育の課程を修了すると、ここで彼らは第一線部隊に配属される段に進んだ。飛練の課程が始まってから延長教

洋上飛行のための航法技量は海軍航空隊にとってきわめて重要だった。この写真は練習生が、洋上飛行の際の偏流による飛行コースの誤差を修正する方法について教育を受けている場面である。

偵察員練習生が旋回機銃架に取りつけられた写真銃（ガンカメラ）で、接近してくる九六式艦戦（A5M）に照準を合わせようとしている。艦戦のパイロットも練習生である。日本海軍は訓練ではガンカメラを使用したが、実戦では使用しなかった。

延長教育の課程で射撃訓練は操縦員、偵察員の双方にとって重要な課目だった。この写真は九〇式機上作業練習機（K3M）の背部の銃座についた練習生が、他機に曳航された吹き流しを目標として旋回機銃を射撃しようとしている場面である。

育が終わるまでに、これらの新入りパイロットたちの飛行経験は平均して200時間に達した。中間練習機訓練を無事に修了した者に英米の"ウイングズ"に相当する"特技章"をあたえる慣行は1940年（昭和15年）まで続いた。1941年以降、操練54期、甲種予科練3期、乙種予科練9期から後は、飛練課程自体が実用機による上級訓練までをカバーするように改編され、その全体を修了した時に"操縦マーク"があたえられるように変更された。そして、1941年の内に、基礎訓練から上級訓練までの飛練課程の全体が平均して10カ月に短縮された。この飛行訓練の日数の枠は1942年から1943年にわたって維持されたが、1944年に入って大幅に短縮され、6カ月にまで削られた期が多かった。

操縦員練習生が飛行技量とエンジン整備の訓練に全力をあげている一方、偵察員練習生は航法と電信の訓練に明け暮れていた。

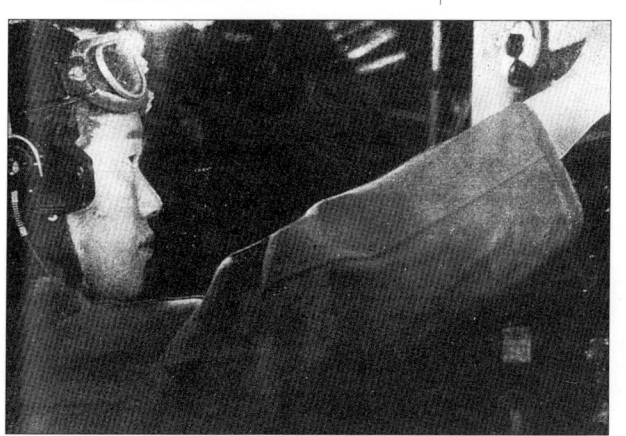

chapter 4

航空母艦発着訓練
carrier qualification

　日本海軍航空隊は水上機部隊として活動を開始したが、早い時期に航空母艦を基地とする部隊を戦力に加えた。しかし、1930年代全体にわたって陸上基地部隊の兵力が拡大し続けた。戦前と日中戦争の時期には、海軍のパイロット全員にたとえわずかであっても航空母艦発着の経験をあたえようと努力したが、パイロット訓練の量が大幅に増大したために、それは実現できなくなった。その結果、太平洋戦争の時期には、海軍のパイロットの中で空母発着の技量を持たない者が多くなっていた。実際のところ、十分に訓練を重ねた技量最高の部類の者が選ばれて、母艦航空隊［空母搭載航空部隊］に配属された。そして、それらの"母艦搭乗員"は海軍の中のエリートと見られるようになった。

　戦前には飛行500時間、またはそれ以上の者だけが空母航空部隊に配属され、配属と同時に初めての空母発着艦訓練を集中的に受けた。しかし、日中戦争が始まると、その条件を下げなくてはならなくなった。1938年（昭和13年）には初めて、延長教育を修了したばかりで飛行200時間ほどのパイロットが直接に空母に配属された。しかし、着任後の実際の訓練は以前と同様に徹底的であり、体系的に実施された。着艦訓練は先ず地上で始められた。飛行甲板の着艦に当てられる部分と同じサイズ、幅20m、長さ50mほどの枠が地上に白い布板で表示され、そこに着陸する定着訓練である。次の段階は実物の空母に低い高度と速度でアプローチし、甲板に車輪は着けず、高度5mほどで飛行甲板の上を通過する擬接艦である。パイロットが進入角度と沈下率を体得すると、飛行甲板で"タッチ・アンド・ゴー"［接艦］を試みることを許された。車輪が甲板に触れると同時にエンジン出力を高めて離艦に移る訓練である。この訓練を十分に重ねたと判断されれば、着艦フックを下げて標準通りに着艦する段階に進んだ。この訓練では着艦甲板指揮官と飛行甲板勤務者たちが、着艦制動索（アレスティング・ワイヤー）とその前方の滑走制止装置（クラッシュ・バリアー）の状態を十分に点検した上で、着艦態勢に入った機を注意深く見守った。そして、もし必要だと判断すれば、指揮官はすぐに赤い旗を振り、着艦中止、進入やり直しを指示した。

　米国と英国の航空母艦では着艦信号士（LSO）が飛行甲板の後端近くに立ち、小旗、信号板、灯火などを持った両手を使い、着艦する機に姿勢やコースの修正を指示するシステムを取っていた。これと違って日本海軍は着艦誘導灯方式を使ってい

航空母艦着艦訓練の第一歩は陸上基地で始められた。地上に布板を点々と並べて、母艦の狭い飛行甲板のサイズを示し、その範囲内に接地する訓練が最初の課程だった。

た。これは飛行甲板後部の両側の舷外に張り出して、高さを違えた2列の灯火（後方は赤灯、前方は青灯、前後間隔は10m）を装備した装置である。パイロットの目から見て、赤灯と青灯が一線に見えれば、機の高度は適切であり、降下角度は安全な着艦を確実にする5〜6度であると判断することができた。もし、赤灯の列が青灯の列より高く見えれば機の進入高度は低過ぎ、逆に赤灯が青灯より低く見えれば高度は高すぎるのであり、パイロットはそれに対応して高度と角度を修正することができた。この方式は陸上基地でも夜間着陸の誘導に用いられた。

　日本海軍の母艦パイロットたちの飛行技量の水準は、太平洋戦争に入って1943年（昭和18年）の末近くまでは維持された。しかし、それ以降、高経験者の損耗と訓練課過の短縮の結果が現れ、目立って水準が低下した。1944年春、その年の夏に生起することになるマリアナ沖海戦（米軍はフィリピン沖海戦と呼んだ）の準備のために実施された空母機動部隊の訓練では、飛行時間がやっと150時間ほどのパイロットたちが発着艦訓練を始める状態だった。死者が出るケースも含めて、事故が数多く発生した。

chapter 5

信念と帰属意識
belief and belonging

　"... duty is weightier than a mountain, while death is lighter than a feather."
　……義は山岳よりも重く、死は鴻毛よりも軽し……

　これは1882年（明治15年）1月4日に明治天皇が陸海軍軍人にあたえた軍人勅諭の中の最も有名な一節である［忠節・礼儀・武勇・信義・質素について下した五カ条の内「軍人は忠節を尽くすを本分とすべし」からの一節］。こ

大型の艦隊空母"翔鶴"の甲板で接艦（タッチ・アンド・ゴー）訓練中の九七式艦攻（B5N）。

の勅諭は、日本が封建体制を脱して偉大な帝国の実現を目指している状況の下で、国家が軍人に武勇を尊ぶ精神を植えつけようとしていたことを明確に示している。勅諭によって軍人の行動規範が確立された。そこで強調されていたのは天皇に対する明白な忠誠心、規律、勇気、名誉、倹約である。日常の伝統的な思想——儒教や、まだ遠い時代のものではなかった"さむらい"の道徳概念など——とさまざまな要素を取り入れ、新しい時代の戦士の精神の縦糸と横糸を編み上げた。それによって、信じ難いような勇気と自己犠牲と任務への献身の行為が数多く生み出された。この"武士道"（武士の生き方）が日本帝国陸海軍の精神的基盤になったのである。

　頂点に立っていた頃の日本海軍航空隊の高い質と戦力の大きな要素は、将兵たちに鍛え込まれたこの戦士の精神だった。彼らは幼い頃から、日本は外敵に敗れたことはなく、国土は神々のご加護を受けていると教えられており、日本は必ず勝つと確信して戦ってきた。後に圧倒的に強大な敵と戦い、最悪の状況に立っても、将兵の大半は母国の最終的な勝利を絶対的に信じて戦った。そして彼らは、戦いで死ねば、必ず靖国神社——自国の戦死者を祭る国家の神社——に祭られて、永遠の安らぎと名誉をあたえられることを知っており、それが心の強い支えになっていた。

　しかし、これには陰の面があった。"武士道"——さむらいの精神を具現化したものとして称賛されることが多いのだが——大半は神話同様のものだった。これは本質的に近代になってから創り上げられたものであり、封建制度後期の思想と書物を基礎にしている。その時代の武士階級は、安穏な社会の中で何とか自分たちの存在を正当化する必要があると考えていた。それ以前、数世紀にわたる戦国時代のさむらいたちの実際の行動とは関係なく、さむらいの美徳を理想化した価値観が創り上げられ、この中では主君に対する揺るぎない忠誠心が強調され、自己犠牲的な死が礼讃された。帝国陸海軍の体制の中では、天皇のために死ぬことは最高の栄誉であるとされ、戦いにおける死は軍人たちの生活の基底に常に拡がっている主題だった。

　死を喜んで受け入れる思想はもう一段踏み込んで、敵の捕虜になることを厳重に禁じていた。この規律は日中戦争の数年の内に強まり、1941年1月に制定された戦陣訓によって公式に規定された。機体に燃料タンクの自動防漏装置やコクピットの装甲板を装備することへの抵抗感も、武士道思想に関係があったのかもしれない。敵地上空で乗機が大きな損害を受けた時に自爆の途を選ぶことと、多くの乗員が戦闘任務に出撃する時に落下傘装着を拒否したことは、この思想の明白な現れである。敵の陣地の近くで、火災を起こした乗機から本能的に脱出した後、降下の途中で落下傘の縛帯を外し、捕虜になる不名誉に直面するよりも死を選んだ者も多い。このようにして、大戦末期の特別攻撃隊の自殺攻撃の心理的な基盤は、もっと前の段階でしっかり根づいていたのである。

　多くの日本陸海軍の将兵は、自分たちの精神力と自己犠牲の決意によって独特な力を身につけ、それによって、圧倒的な兵力と物量を持つ敵を撃破することができると固く信じていた。しかし、最終的には、兵力・物量と技術の上でまさっている敵と戦い、特に強く自分たちの生命に執着し、次の機会を待って勝とうとする相手との戦いでは、武士道の教義は時代錯誤であり自滅的な結果をもたらしただけだった。

　しかし、日本海軍の航空機搭乗員が死について日々考え込んで生きていた

剣道の稽古の前に準備運動をする予科練練習生たち。天皇制の下での日本陸海軍の軍人の教育と訓練の中で、中世の武士道思想と武術は重要な要素とされていた。
(via Edward M.Young)

とか、命令に盲目的に服従するロボット人間だったと考えるのは誤りである。太平洋戦争中と戦後間もない時期、西側の諸国には日本のパイロットや乗員に対して紋切り型の印象が広く定着していた。これは連合軍の戦中の宣伝によって作られた印象だが、1944年以降の大戦後期に連合軍のパイロットたちが日本の訓練不十分、経験不足のパイロットたち——この時期には大半がそうした状態だった——と戦った時に受けた印象も、それに大きく影響している。戦前、または大戦初期の十分な訓練を受けていた日本海軍の典型的なパイロットは、技量が高く状況への対応能力も優れていて、戦いで素速く主導権を握ることができた。豊かな個性を持ち、最大限に力を発揮して生きて行く者が多かった。どちらかと言うと、彼らが練習生初期の数年に経験した苛酷な訓練と厳重な規律には、同期生の間の強い連帯感を生み出す効果があった。そして、期待された通りに、それはグループ中での団結心を創り出し、グループの間の力強い競争意識を高めた。

しかし、これにもマイナスの面があった。日本人という民族は、所属する集団に対する強い忠誠心を培う傾向が強いが、これは往々にして党派主義と集団外の者との協力軽視に進む可能性が高い。日本の敗戦まで最も高いレベルでは、陸軍と海軍の間の協力欠如は伝説になるほど激しかった。もっと下のレベルでは、この傾向は海軍の搭乗員訓練制度のいくつもの側面に現れ、組織を過度に類別・区分しようとする日本人の性格によって一層悪化した。これは海軍が各々異なった資格条件と目的を考え、それに対応して多くの訓練制度を設けたことに現れている。

元々の予科練の練習生は、自分たちの制度の歴史と伝統に誇りを持っていたが、甲種予科練制度が新設されると、"乙種"予科練と改称され、"甲種より下に置かれた"ように感じた。それに加えて、甲種予科練は乙種予科練より目立って進級が速く、入隊の時の教育程度が1年半高いので、甲種の一

部の者は乙種の連中を見下す態度を取った。甲種と乙種の対立は段々に進行し、ついに甲飛8期と乙飛14期の間で重大な暴力事件が発生するに至った。その結果、2つの制度を物理的に分離する措置が1943年（昭和18年）3月に実施された。甲種予科練は土浦に残り、乙種予科練は三重航空隊に移されたのである。

一方、最年長の層を集めた下士官搭乗員訓練制度、"操練"の練習生は、彼らの制度が"丙種予科練"という呼称に変わったことに怒り立った。3段目の階級に置かれたと考えたからである。

そして最後に、日本海軍の中で士官と下士官兵との2つのグループの間には大きな溝があった。もちろん、指揮官としての素晴らしい資質を持ち、部下の利害を心から心配する士官の数は多かった。このような士官は彼らの部下の純粋な敬愛の気持ちを集め、長く皆の記憶に残った。しかし、広く組織全体を見ると、江田島の海軍兵学校を卒業した士官たちの大半は、下士官兵はもちろん、高等商船学校などの卒業者である"予備士官"、下士官から昇進してきた"特務士官"（昭和17年末に"特務"という分類と呼称は廃止されたが、その意識は残った）を差別するエリート意識を持ち続けた。彼らのこの意識は越えられない壁となって、彼ら以外の者は士官たちの友愛で結ばれた隊列に加わることができない状態を作っていた。日本海軍の多くの下士官のベテランたちが、いまだに彼らの昔の上官だった士官全体について、高慢で威張りくさった連中だったと感想を語るのは残念な事実である。

最終的には、上下すべての階級の将兵が天皇と国民のために身命を投げうち、団結して同じ目的のために敵と戦ったのである。しかし、階級と党派を重視する日本の社会の傾向が、海軍の中にも明らかに現れていたことも確かである。

"信念"と"帰属意識"は日本陸海軍の将兵たちにとってひとつのもの、同一のものであり、大多数の者にとって自分の存在の疑いのない支えであった。しかし、1945年の夏以降の年月、彼らの世界は劇的に変わり、新しい視野が開かれた。日本陸海軍の元将兵たちの多くは歴史の無情な光と歳月の流れの下で、彼らの信念——そのために、彼らは半世紀以上も前に生命を賭けて戦った——を評価し直さなければならなかった。いまだにそれを信じている者もある。しかし、彼らの全員は、現在の信念が何であろうと、"戦友"として同じ経験を分かち合った者同士の連帯感と帰属意識によって結ばれている。最後に言えるのは、"同期の桜"の花のひとつひとつは根と枝によって、世の中で最も固く結ばれているということである。

chapter 6
日本海軍搭乗員の精神
spirit of the imperial japanese naval airman

「同期の桜」は第二次大戦中の日本海軍の数千名もの下士官兵搭乗員がよく歌った歌である。

この歌の歌詞は予科練制度の練習生とそこから巣立った搭乗員たちが、訓練と実戦を通じて鍛え上げた兄弟のような連帯感を表現し、日本人に特有な思想と行動のいくつもの側面を浮かび上がらせている［海軍兵学校でも異なる歌詞で歌われている。「同期の桜」は西条八十が発表した詩が元になり、さまざまな歌詞がつけられて昭和19年頃に流行した］。日本は身分を重視する社会であり、人々は自分より地位が低い者を支配することを許され、しかし同時に、彼らは自分たちより地位の高い者に支配されるのである。そのような日本人の心理の中で、仲間──無条件で対等に受け入れ合うことができる兄弟同様な限られた数の仲間──の間のみで見つけることができる同志的連帯感は、非常に大きな価値を持っている。

このため、今日でも日本人は自分が卒業した学校とその年度や、自分が働いている企業への入社年度を話そうとし、相手にそれをたずねようとする。これは他の国の人々には見られない点である。今や高齢に達している旧日本海軍航空隊の下士官たちが中国や太平洋の戦線での思い出を語る時、所属していた部隊や乗り組んでいた艦よりも、訓練の時の同期の人たちにまつわる話が中心になる。

桜の花は華々しい若者を象徴している。美しいが盛りは短く、天皇のために死ぬことを誓った若者たちは戦争の嵐の中で散って行くように運命づけられていた。そして桜の花は日本海軍自体にも結びついていた。陸軍の記章が剣先5本の星であるのに対し、海軍の記章は5弁の桜の花だった。

日本の多くの歌曲と同様に、「同期の桜」の歌詞は運命論的であり心に訴えるムードを持っていて、生気に溢れたものが多い欧米の軍隊の行進曲のムードとは異なっている。しかし何よりも先ずこの歌詞の底には、さまざまな時代のさまざまな国の戦士たちに共通な感情──共に訓練され、起居を共にし、共に戦った者、そして最終的には喜んでおたがいに生命を捧げ合う仲間同士の暗黙の内の信頼感──が流れている。

訓練組織の中央部の高級将校（将官らしい）の査察を受ける練習生パイロットたち。カポック詰めの救命胴衣は第二次大戦中の日本海軍の搭乗員のトレードマーク同様だった。(via Edward M.Young)

chapter 7
服装と外観
dress and appearance

　日本海軍の航空機搭乗員は彼らの歴史の大半を通じて、左袖に飛行教程章をつけることを除いて、他の科の者と同じ軍服を着用していた［飛行科の兵士官兵の階級章の桜の花は空色であり、その点が他の科の者と異なっていた］。予科練の練習生の服装は通常の水兵服と水兵帽だった。下士官と准士官はその階級にふさわしい詰め襟、5つボタンの上衣と庇付きの軍帽を着用し、士官はもっと威厳のある詰め襟の上衣と庇付き軍帽を着用していた。1942年11月、この慣例に目立った例外が設けられた。予科練の軍服は伝統的な水兵服だったのだが、きわめてスマートに見える新しい制服──詰め襟、真鍮の7つのボタンで止める前合わせで着丈が短い上衣の上下揃いと、庇付きの帽子──が制定されたのである。新しい制服は1943年の春に支給され、それ以降、7つボタンの上衣は予科練の華やかな特色となった。

　飛行用の着衣は階級に関係なく、海軍の搭乗員全員がダークブラウンのギャバジンの飛行服を着用した。上下つなぎ型の造りで左胸とズボンの両脚に大きなポケットがついていた。冬には襟にウサギの毛皮が取りつけられることが多かった。太平洋戦争の半ば頃、前合わせをボタンで留める上衣とズボンを組み合わせたツーピースの飛行服が夏季用に採用された。つなぎ型が不便だと感じられたためである。絹のスカーフは多くの搭乗員が愛用した。色は通常

1937～45年の大戦期間の全体にわたって、日本海軍航空隊の航空機装備防御火器の大半はこの手動操作の九二式単装旋回機銃だった。太平洋戦争勃発の時期には、この兵器は防御火器としての威力が不十分であるとすでに明らかになっていたが、その後も大多数の機の装備として使用された。
(via Edward M.Young)

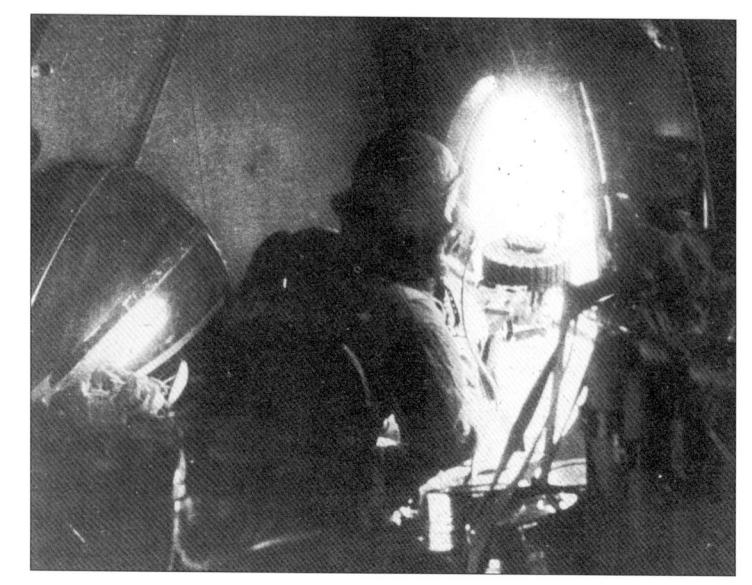

は白だったが、時にはそれ以外の色のものも使われた。頭部を保護するためには革製の飛行帽──冬季には毛皮の裏がつけられた──が使用された。それに革製の手袋と、ゴム底で革製の短ブーツが加わって飛行用の服装が全部揃った。

　こうした服装の内側の下着は、搭乗員も他の科の者も同じであり、階級も関係がないが、その中には日本海軍の誰もが使っていた"ふんどし"がある。それはエレガントと言ってよいほど簡素なものだった。普通のタオルほどの幅で、それよりかなり長い木綿の布であり、一方の端に1メートル余りの紐(ひも)がつけられている。その紐を腰の背中の方から前に廻して、腹の前で結ぶ。次に布を腰から下の方に下げ、前に廻して両脚の間を通し、"大切な部分"をカバーしてから布の先を上に持って行き、腹の前で結んだ紐の下をくぐらせて、それから40㎝ほどの長さを下に垂らす。

　もうひとつ、日本海軍の搭乗員の外見で注目すべき点がある。日本陸海軍の将兵は水兵や兵卒から最高位の提督や将軍に至るまで全員、頭髪を短く丸刈りにしていた。その唯一の例外は海軍の搭乗員だった。練習生や下級の搭乗員である内は丸刈りだったが、下士官に昇進すると髪を伸ばすことを許された。頭を保護するのに役に立つというのが理由だった。士官搭乗員は、自分が望めば、いつでも頭髪を伸ばすことができた。これと対照的に、陸軍の空中勤務者はどの階級であっても、常に丸坊主だった。

chapter 8
武器と装備
weapons and equipment

武器
armament

　日中戦争から太平洋戦争の前半の時期、日本海軍の航空機の武装は主に7.7㎜機関銃だった。英国のヴィッカース社の設計を基にした九七式7.7㎜機銃は、日本海軍の戦闘機の標準的な固定武装であり、ルイス(米国陸軍中佐)設計の機銃を基にした九二式7.7㎜機銃は複座機と多座機の標準的な旋回機銃(手動旋回操作)だった。

　1937年(昭和12年)、日本海軍は大口径の武器が必要だと認識して、スイスの兵器製造企業、エリコン社から20㎜機関砲の製造権を取得し、九九式機関砲として製造し、固定装備と旋回銃架装備の両方に使用した[九九式は昭和14年(皇紀2559年)制式採用の意味]。固定装備型は零式艦上戦闘機──"ゼロ戦"と呼ばれて世界的に有名になった──の主翼内武装として最初に実用化され、一方、旋回銃架装備型の九七式陸上攻撃機

日本海軍の爆撃機の搭乗員は自分たちの乗機の爆弾搭載を手伝うものと期待されていた。ここには60kg爆弾を肩にかついで九六式陸攻の前を歩く搭乗員の姿が写っている。
(via Edward M.Young)

　(G3M) の胴体背部の銃座と一式陸上攻撃機 (G4M) の背部と尾部の銃座に、いずれも後方向きに装備された。九九式は途中で改良され、最初の砲身が短くドラム式給弾の九九式一号に、長砲身で初速が高く射程が長い九九式二号が加わり、その後期型はベルト給弾方式に変わった。

　自動火器の呼称には注意するべき点がある。海軍は20mmまでのすべての口径のものを"機関銃"、陸軍は12.7mmも含めてそれ以上の口径のものを"機関砲"と呼び、"機関銃"は12.7ミリ未満の口径のものの呼称だった。

　九二式7.7mm機銃の次の型の旋回銃架機銃として、ドイツのラインメタルMG15を基にした一式7.92mm機銃が1941年3月に採用され、太平洋戦争の第二世代の新型機、艦上爆撃機"彗星"の一部の機の後部銃座に装備されたが、まだ十分な後方防御力とは言えなかった。

　長らく使われてきた九七式7.7mm機銃に替わって、新しい世代の戦闘機の副次的固定機銃となるように計画された三式13mm機銃はコルト・ブローニング機銃の系列であり、実口径は13.2mmだった。零戦52型乙 (A6M5b)

の機首機銃2挺の内の右側の1挺として装備されたのを始め、三式機銃は大戦後期のいくつかの型に装備された。

　日本海軍は20mmを越える大口径火器も開発した。それは五式30mm機関砲である。3年にわたる開発の後、1945年5月にやっと制式採用に進み、太平洋戦争の末期に実用化が始まるところだった。この時期に開発途中だった先尾翼型局地戦闘機"震電"（J7W）と、ロケット推進局地戦闘機"秋水"（J8W）に装備するよう計画されていた。この機関砲は実戦でのテストも行われたが、実用機で常用されることはなかった。

爆弾と魚雷
bombs and torpedoes

　日本海軍は40年以上の歴史の中でさまざまな種類の航空機搭載爆弾を製造した。しかし、最も広く使用されたのは60kg、250kg、500kg、800kgの爆弾である。

　海軍の最大の任務は敵の艦隊との戦闘であるので、日本海軍は艦船攻撃用の爆弾を"通常爆弾"と呼んでいた。大量の爆薬を比較的頑丈でない弾体に詰めた高性能爆弾は、"陸用爆弾"と呼ばれ、地上目標と防御構造を持たない艦船に対して用いられた。最初の800kg爆弾はこの種類のものだった。1937年（昭和12年）頃から、特に強力な防御鋼板貫通能力を持つ対主力艦攻撃用の爆弾の開発が始められた。その結果、800kg徹甲爆

大型の爆弾は小型の手押し車台に載せて運ばれた。この写真は250kg爆弾である。
（via Edward M.Young）

弾ができあがり、1941年に大至急で生産して、真珠湾の泊地に並んだ米国海軍の戦艦の隊列に対する攻撃で大きな効果を発揮した。その外、太平洋戦争中に使用された爆弾の中には、飛行中の敵編隊を狙って投下する30kgの九九式三号爆弾——空中で爆発して144個の黄燐弾子を撒布する——があり、大戦後期には空対空戦闘兵器、二七号ロケット爆弾も開発された。

訓練用爆弾には1kg、4kg、10kg爆弾があり、10kg爆弾が最も広く使用された。いずれも接地と同時に煙を吹く仕組みになっていた。

1937年〜45年（昭和12〜20年）にわたって日本海軍が使用した主要な航空機搭載魚雷は、空気・石油燃焼推進方式の九一式魚雷である。1930年代から太平洋戦争の期間にかけて、改一から改七にわたる9つのサブタイプが造られた。最初の型と改1型は全長5.27m、重量785kgである（直径45cmはすべての型で変わらなかった）。改二型は全長5.47mに伸び、炸薬が150kgから205kgに増大された。この型の大きな特徴は尾部のフィンに追加された取り外し可能な木製の安定板であり、空中と水中でのコースを安定させ、水中に入った直後の沈下深度を浅く抑える効果があった。この魚雷は深度の浅い真珠湾で最初に使用された。改三型は改二の改良型で、炸薬量が235kgに増大した。九一式の最後の型、改七型は全長5.71m、炸薬量は420kgに達し、重量は1055kgに増大した。速度は以前の型と同じ42ノット（78km/h）だったが、走行距離は以前の型の2000mから1500mに低下した。改七型は重量が高いため空母発着の攻撃機には不適であり、陸上攻撃機搭載のみに限られた。太平洋戦争の後期、九一式の基本設計の改良が進んで四式魚雷という呼称になった。

九四式魚雷は航空機搭載用の酸素推進方式の魚雷である（艦載用の魚雷は太平洋戦争の数年前から全面的にこの方式の型になっていた）。制式採用されたが、実用上の問題が残り、実戦部隊で使用されることはなかった。

無線通信装備
wireless equipment

第二次世界大戦後の数十年の間に、日本は一般市民向けエレクトロニクス製品開発・生産の分野で抜群の地位に立ったが、大戦中の日本陸海軍がエレクトロニクス装備の技術力不足に苦しんだ状況を考えると、それはまったく対照的である。1930年代の間、日本の航空機搭載通信装備の質と機能は、欧米諸国の航空部隊の装備と比べて大きな差はなかった。しかし、第二次世界大戦の直前の時期、日本はエレクトロニク兵器の開発に十分な力を傾けなかった。国内の限られた技術とエンジニアリングのリソースの配分をめぐる競争の中で、エレクトロニクスの分野は十分な優先順位、予算、注目を得られなかった。その結果、この時期に急速に発達したこの分野で、日本は敵国及びドイツに大きく遅れてしまった。日本が早い時期に戦争における電子技術の重要性を認識しなかったことが、最終的に敗戦の大きな要因のひとつになったのである。

日中戦争と太平洋戦争の前半までの間、日本海軍の主要な第一線機は主に九七式の世代の無線電信機と無線電話機を装備していた。九六式陸上攻撃機（G3M）、一式陸上攻撃機（G4M）、九七式飛行艇（H5K）、二式飛行艇（H6K）などの大型機は、九七式空三号と九七式空四号無線電信機の

両方と、九八式空四号隊内無線電話機を装備した。九九式艦上爆撃機(D3A)、艦上爆撃機"彗星"(D4Y)などの複座機は、出力40ワット、有効到達距離500海里(926km)の九六式空二号無線電話機を装備した。九七式艦上攻撃機(B5N)、艦上攻撃機"天山"(B6N)、零式水上偵察機(E13A)などの3座機の装備は、九七式空三号無線電信機と一式空三号隊内無線電話機だった。九七式空三号の出力は50ワットであり、800海里(1482km)の距離で有効に使用できた。後に多くの機の装備は、出力80ワット、有効到達距離1500海里(2778km)の二式空三号無線電信機に換装された。九六式艦上戦闘機(A5M)、零式艦上戦闘機など単座機の装備は九六式空一号無線電話機だったが、この機器は製造と整備の技術的弱点と部隊での整備不良の結果が強く現れ、実際の作戦行動ではほとんど使いものにならなかった。多くの前線部隊は機体重量を減らすために、これらの無線機器を取り外してしまった。太平洋戦争の中期以降、戦闘機の標準的な無線装置は三式空一号無線電話機になった。この装置の性能は九六式空一号より高く、出力15ワット、有効距離50海里(93km)となったが、それでも連合軍の戦闘機の短波無線電話の機能には及ばなかった。

chapter 9
日常生活と前線部隊勤務
daily life and front-line duty

　新たに巣立った搭乗員の多くの者にとって、実戦部隊や航空母艦への配属はある種のカルチャーショックだった。彼らは練習生の期間の野蛮な鉄拳制裁と、その後に続く飛行訓練の期間のかなり厳しい規律に耐えてきた。そして実戦部隊ではもっと大きな試練が待っていると感じ、それに取り組む覚悟を固めていた。ところが、部隊の雰囲気は予想外に穏やかであり、彼らは驚いた。明らかに規律が緩められている部隊もあった。着任してから間もなく彼らは、上官や先任者が些細な規律違反を細かくとがめ立てたりしないことに気づき、段々に警戒の身構えを緩め始めた。飛行服の内側に絹のスカーフを巻く者もあった。このようなおしゃれは、飛行訓練や延長教育の部隊では許されていなかった。そして、新米ではあるが、下士官に昇進した彼らは鉄拳制裁を受けることがほとんど無くなった。

　しかし、実戦部隊での訓練のスケジュールは苛酷だった。天候さえ許せば、平日の午前と午後には、空中戦闘、爆撃、射撃、編隊飛行、航法の訓練のために何度も飛んだ。夜間戦闘の腕前は日本海軍の栄光ある伝統であり、艦隊の延長である日本海軍航空隊は1930年代後半には、夜間戦闘の訓練を着実に進めていた。このため、夕刻に攻撃と着陸の訓練が実施されることが多く、遅い時刻に及ぶことも少なくなかった。

新たに配属された搭乗員たちはすぐに海軍航空隊の第一線の部隊の精神を理解した。それは作戦行動の効率の向上と維持が、終始一貫して彼らの任務とされていることである。この任務のためには司令以下全員が全力を尽くし、基準の上の妥協や不注意な行為は許されなかった。しかし、飛行訓練に全力を傾けること以外では、搭乗員たちは通常の行動を大方自分の判断に任されていた。彼らの以前の時期とは異なって、部下を"鍛える"口実を探すために、細かい形式的な規則違反に目を光らせるやかまし屋の上司は、ここにはいなかった。"存分に食べて飲んで、力一杯に生きる"のが彼らの生活態度であり、そして彼らはいずれも"明日は喜んで天皇陛下に身命を捧げる"という決意を心の内に持っていた。

　大半の部隊は隊員の"上陸"の日の休養のために、基地の近くの町に施設を借りていた。今や搭乗員は未成年ではなく、酒や女性に近づく者も多かった。週末には映画館に行き、安い食堂で食事を取り、それから酒を飲む店に行く——こうした日々は多くの元搭乗員の想い出に残っている。月曜の朝、列線沿いに並べられたデッキチェアに座り込み、同僚の離着陸訓練を見ているふりをして、実はサングラスで隠れた目をつぶり、二日酔いを醒ます者もあった。

　高級な料亭で、しかるべき芸者を呼んで開かれる派手な宴会は、大規模な艦隊演習終了など特別な機会だけに限られ、士官たちが出席して費用も出し合う。そのような時には、下士官たちも同様に宴会を開くのだが、町の中のそれほど高級ではない地区の店で、それ相応の女給さんたちの歓待を受けて満足した。

その日の出撃の搭乗割りが書かれた黒板の前にパイロット5名が集まっている。画面の手前の方の木製の台にはたくさんの落下傘が置かれ、右側の木の枠には落下傘の縛帯がかけられている。

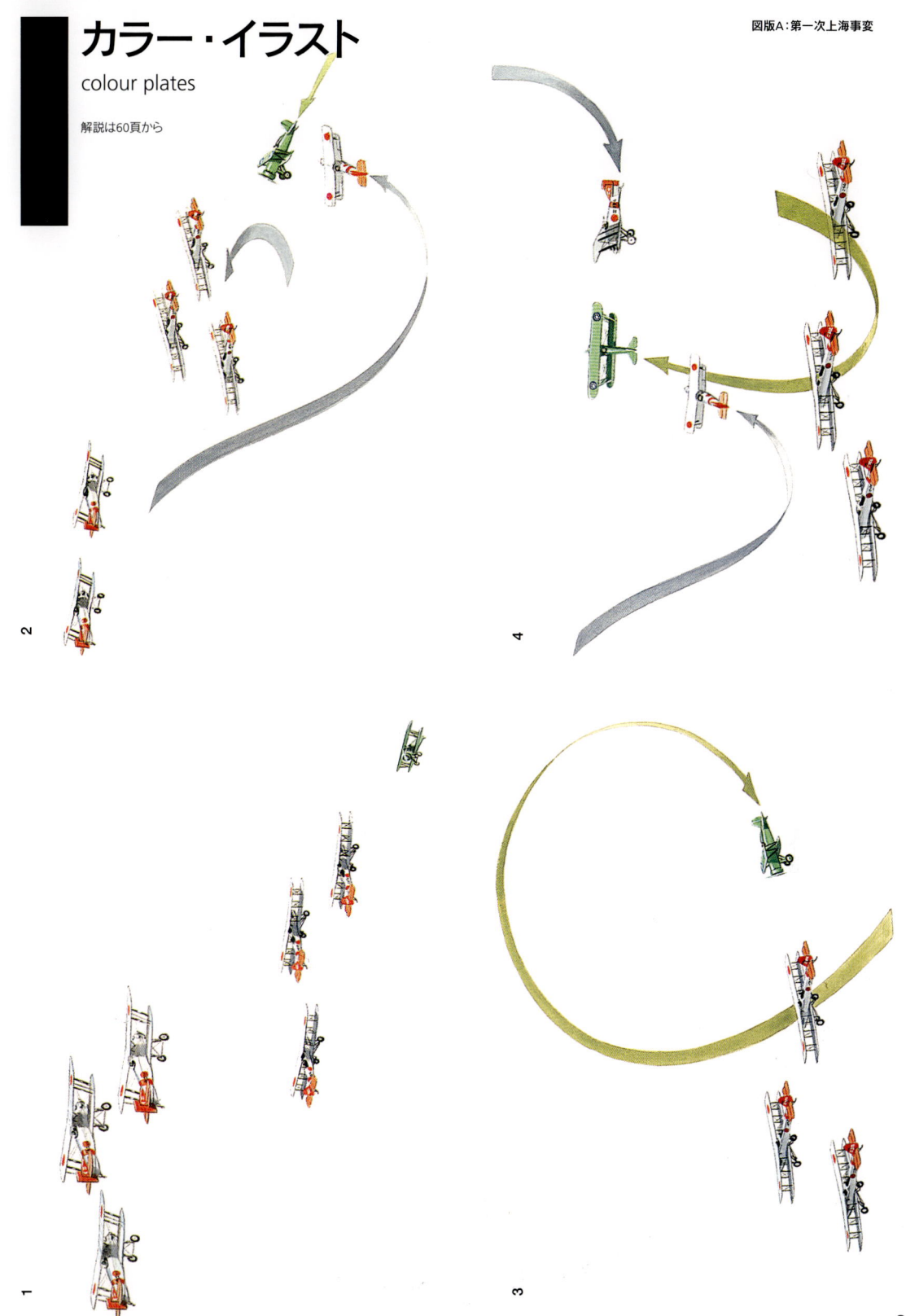

カラー・イラスト
colour plates

解説は60頁から

図版A：第一次上海事変

A

図版B："ひねりこみ"と日本海軍の編隊隊形

B

図版C：1937年（昭和12年）頃の搭乗員の装備

35

C

図版D：陸攻の標準的な編隊

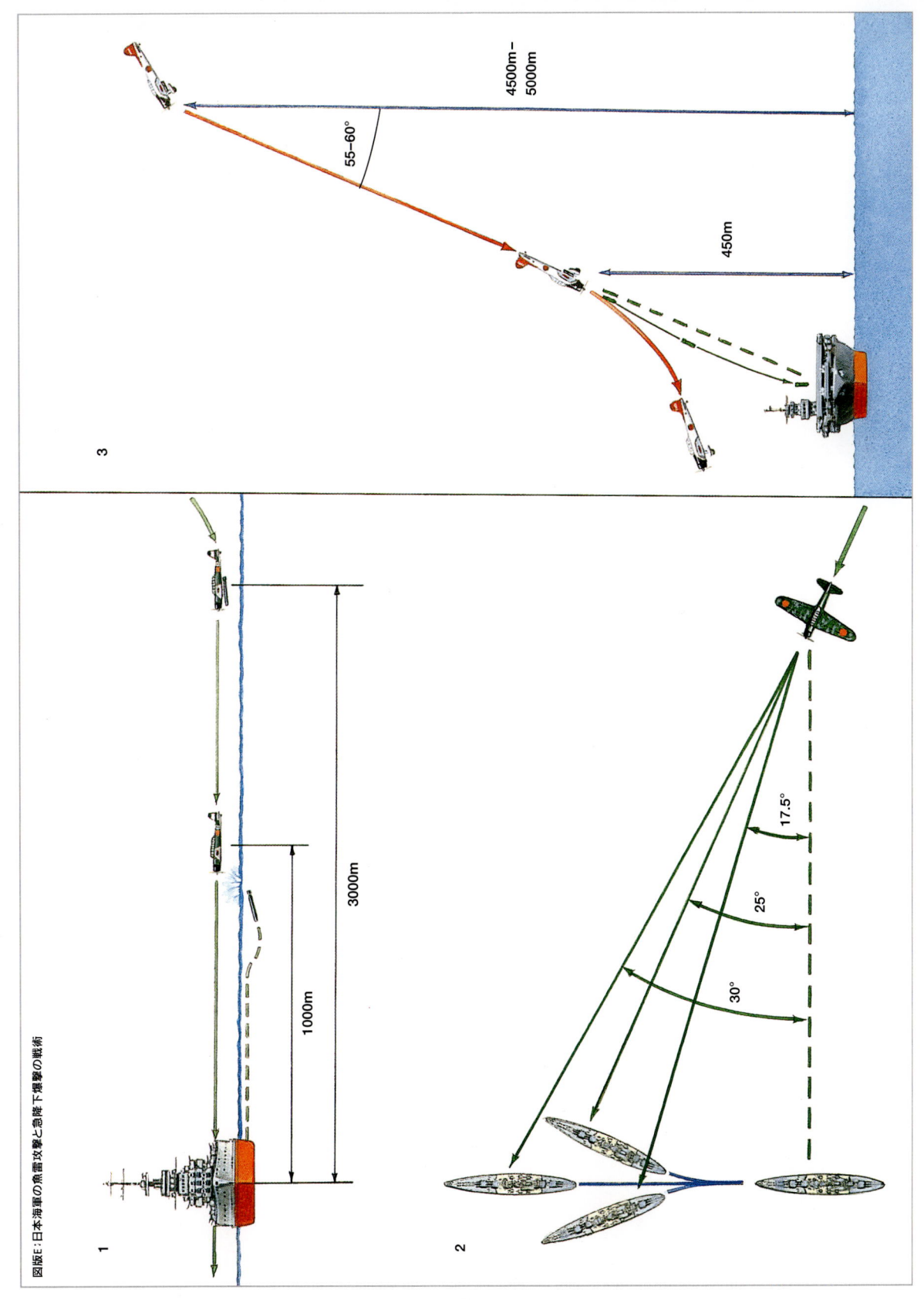

図版E：日本海軍の魚雷攻撃と急降下爆撃の戦術

図版F：作戦行動中の一式陸上攻撃機の内部、太平洋戦争の時期

1

2

F

図版G：ラバウル、1943年11月2日。米陸軍航空軍第5航空軍のP-38、B-25の群れと戦う空母"瑞鶴"搭載の零戦52型（A6M5）

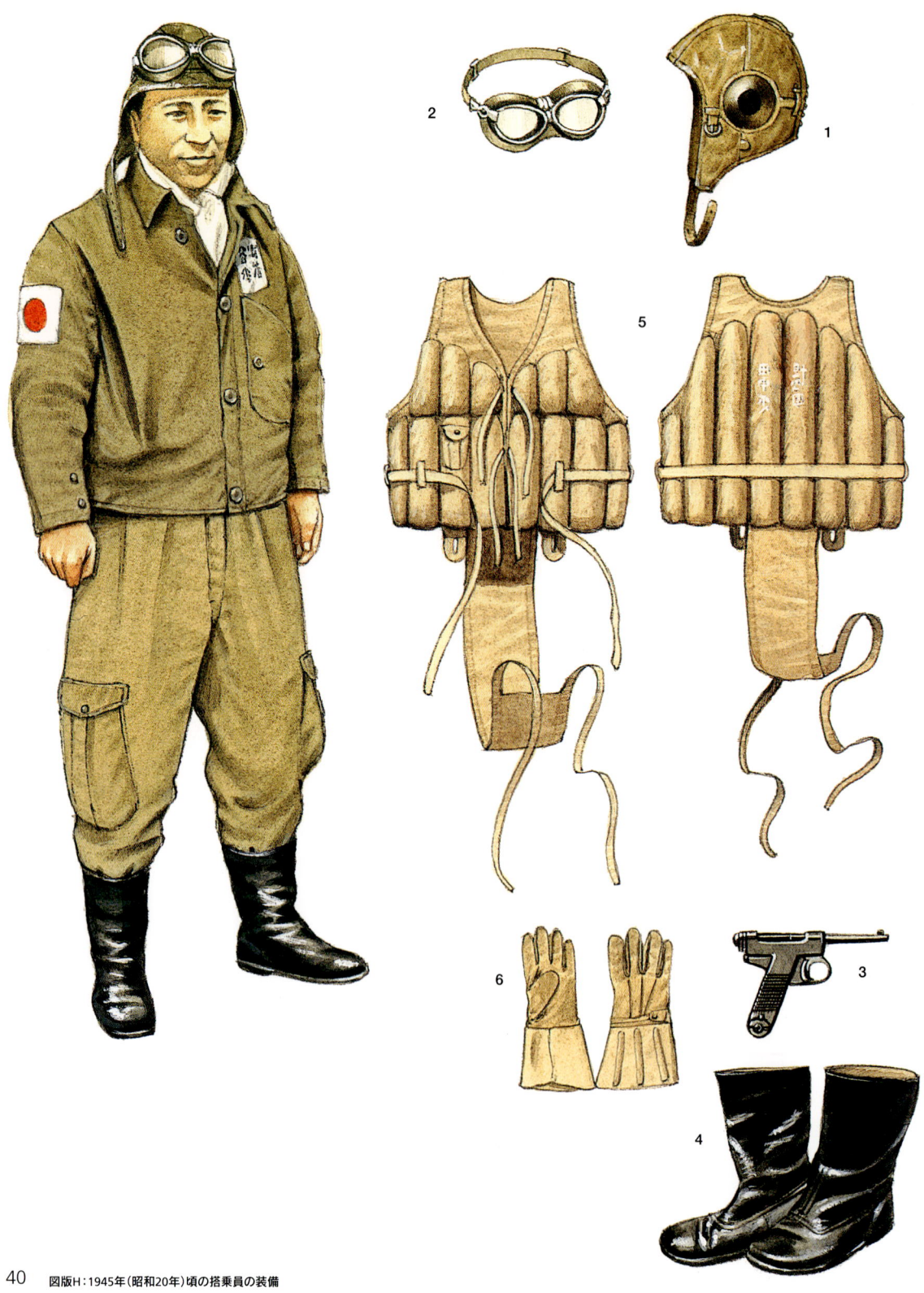

図版H：1945年（昭和20年）頃の搭乗員の装備

H

練習航空隊には新型機が少なくとも1機配備されていた。パイロットたちの実用機への移行訓練に使用するためである。画面の右下の隅には、滑走路の線に駐機されている九六式四号艦上戦闘機が1機写っている。それ以外の舗装なしのスペース一面に九三式中間練習機の大群が整列している。

日中戦争の間、搭乗員は通常、最初に国内のいずれかの実戦部隊か艦隊のある艦で約6カ月勤務した後、中国大陸の部隊に転属し、そこで大半の者が実戦を経験することになった。爆撃機の搭乗員は中国派遣の間、かなり活発に出撃が続き、同時に、海軍がこの戦線で行動した期間のほぼ全体にわたって危険の高い出撃が多かった。1937年（昭和12年）、この戦争の初期の段階には、艦攻、艦爆、陸攻の部隊はいずれも大きな損害を受け

上段の写真に写っている九六艦戦の前に立った先任のパイロットが、この新型機の優れた点を若い5名のパイロットに説明している。この5名は中練の課程を修了した者たちである。

日中戦争の時期、民間人の献金によって調達された機（海軍機は「報国○○号」と命名され、献金した団体や地域社会の名が示された）の献納式に並んだ九六式四号艦戦。九六艦戦は1937年以降、零戦が1940年に登場するまで、艦戦の主力だった。
（via Edward M.Young）

多くの搭乗員の前に立って、航空隊司令など数名の高級将校（画面右上隅）に帰投後の戦闘報告をする出撃部隊指揮官（左上隅）。画面手前の搭乗員の背の右肩から左へかけられている紐に注目されたい。これは彼らが身体の前で救命胴衣のベルトに差している南部式拳銃の下げ緒である。
（via Edward M.Young）

た。その後、重慶、成都、蘭州などの目標に対する長距離進入攻撃作戦では、陸攻部隊は再び大きな損害を被った。これらの作戦は戦闘機護衛なしの出撃であり、中国軍が確保している奥地の主要拠点では、中国国民党空軍の残存兵力が強力な迎撃を展開することが多かったためである。

　日本海軍の戦闘機パイロットたちにとっては、中国戦線は大規模な空戦を重ねる初めての機会であり、最初の"エース"たちが生まれた。西欧諸国では敵機を5機以上撃墜したパイロットに"エース"の称号と栄誉をあたえたが、日本にはこのような表彰の方式はなかった。日本の陸海軍航空隊は常に部隊の協同戦果を強調し、"スター"が生まれることを抑える公式な方針を持っていた。しかし、高い撃墜戦果をあげた者が皆に注目されるのは自然なことであり、"撃墜王"などと呼ばれるようになった。この呼称には明確な定義はなかったが、普通は7機から10機を撃墜した者がこう呼ばれたようである。しかし、1937年12月に南京が陥落し、1938年の夏に漢口上空で激しい航空戦があり、その年の10月にこの都市が陥落した後は、海軍戦闘機隊が活躍する場面はほとんど無くなった。その後、1940年の夏になって零戦が実用化され、ここで戦闘機パイロットたちはやっと、中国の戦闘機の最後まで残された根拠地へ飛ぶだけの航続力をあたえられた。しかし、それまでは、九六艦戦を装備した戦闘機部隊の作戦行動は、基地周辺の日常的なパトロールと時々命じられる地上部隊支援の任務のみに限られていた。このため、1938年の夏から1940年の夏までの2年間、日本海軍の戦

飛行中の九六式艦上爆撃機（D1A2）。日中戦争で使用され、九九式艦爆が登場するまで、日本海軍の急降下爆撃機の主力だった。艦爆パイロットに選ばれた者の延長教育にはこの型が使用された。(via Edward M.Young)

闘機パイロットには敵機撃墜の機会はきわめて少なかった。
　中国での戦争は多くの面で奇妙な経験だった。中国の膨大な国土の中で日本軍が占領することができた地域は限られていた。日本軍は主要な都市と港湾を占領し、主要な河川を支配下に収めると、そこで前進は停止してしまった。中国の側は工業生産力と兵站補給能力に欠けていたために、大規模な反攻作戦を開始することができず、指導者たちは各々の複雑な政治的理由があるために、積極的に日本軍に抵抗するよりも機会待ちの戦術を取った。日本軍はいくつもの主要都市周辺地区とその間を結ぶ連絡路を支配しているに過ぎず、それ以外の地方は中国側が支配していた。多くの地域では両軍地区を明確に分ける戦線は無く、地域の中国の人々は地方と都市の間を自由に通行した。多くの地域で域内の商業活動は活発に続いていた。
　日本海軍の搭乗員たちにとって、中国での勤務は不思議な生活だった。爆発のように短い時間ではあるが、生と死が激しく交錯する戦闘があり、一方には比較的居心地のよい都市生活と、それに加えて故郷にはない異国的な雰囲気や味わいがあって、その両方が奇妙に入り混じっていた。確かに、ここでの生活には注意が必要だった。安全な基地の中から夜間に外出することが禁止されている地域も多く、昼間でも止むを得ない場合以外には、単独での外出は避けることとされていた。しかし、主要な都市には日本人の居留民か協力的な中国人が経営する施設があり、治安状態が怪しい地域の中でも日本の軍人たちが安心して気晴らしができる別天地となっていた。
　初めて中国勤務を体験した者は例外なく、この国が恐ろしく広大であることに驚かされた。丘陵地と、その裾に細かく区切られた水田が拡がっている日本の風景とは、スケールが全く違っていた。搭乗員たちは大陸性の激しい気象現象——日本では想像もできない激しさだった——と戦わねばならないことが多かった。同様に、中国の内陸地域では、島国である日本での

経験をはるかに越えた極端な気温に耐えなければならなかった。漢口の焼けつくような暑熱は皆の間で伝説になった。"雀が降りてきて電線に停まった。と思ったら途端に地面に落ちてきた。見てみると、そいつは焼き鳥みたいになって死んでいた"――これはこのあたりの日本軍の将兵の間で流行った冗談である。このような季節には、搭乗員は離陸して高い高度に上昇すると、やれやれ助かったという気分になった。

　中国戦線の勤務は数カ月から1年ほどの期間であり、それが終わると搭乗員の多くは教官や教員として国内の練習航空隊に配属された。転属者の大半は大陸から日本にもどると、新しい任務につく前に数日の休暇をあたえられた。通常、この休暇は郷里への家族訪問旅行に使われた。

　1941年（昭和16年）の月日が流れ、太平洋戦争が近づくと、日常的な生活のペースに変化が現れ始めた。訓練日程の密度が高められ、それは最終

爆弾搭載済みの九六式陸上攻撃機の前で弁当を食べている搭乗員たち。彼らは救命胴衣を着込んでおり、次の任務は洋上出撃であるようだ。落下傘はまだ装着していない。
（via Edward M.Young）

中国戦線で出撃から帰投した九六式艦戦。夕刻に近い空にシルエットが浮かび上がっている。A5Mの楕円曲線の翼は、この日本海軍の最初の全金属製低翼単葉戦闘機の目立った特徴だった。(via Edward M.Young)

中国奥地、山岳地帯上空を飛ぶ九六式陸攻の編隊。このような護衛戦闘機なしの長距離侵攻任務で、陸攻隊は中国空軍戦闘機の迎撃によって大きな損害を被り、それは航続距離が長い零戦が戦線に配備されるまで続いた。(via Edward M.Young)

的に毎週の全部の日に拡げられた。一週間から土曜と日曜が姿を消し、代わりに月曜と金曜のスケジュールが二度ずつ繰り返された。"月、月、火、水、木、金、金"は海軍内で常に唱えられ、歌にも唄われて、一日24時間、連日の激しい訓練が強調された。

chapter 10
戦術
tactics

戦闘機
fighters

　1カ月余りの短期間で終わった1932年（昭和7年）の第一次上海事変の際、日本海軍航空隊は2月22日に隊の歴史の上で最初の空中撃墜戦果をあげた。この時期の海軍の戦闘機は、大戦間期の英国空軍の基本戦術から取り入れられた"V字型"編隊（実際には逆V字型）を組んで飛んでいた。
　しかし、1937年の日中戦争が始まると、海軍航空隊は緊密な"V字型"編隊は実際の空戦では柔軟性に欠けていることに気づき、もっと緩やかな編隊の組み方をすぐに採用した。長機と列機との前後間隔と2機の列機の左右間隔を広くした隊形である。この隊形では各機が行動するスペースの余裕があり、敵と遭遇したときに素速く対応することができた。しかし、基本的な戦術的

中国戦線で飛行中の九六式艦戦の中隊編隊。最も遠い位置の小隊は1機が欠けている。
（via Edward M.Young）

行動の単位は3機の小隊編隊がそのまま残り、空戦訓練の基本的形態が敵味方2機の間の1対1の格闘戦(ドッグファイト)であることは以前と変わらなかった。格闘戦では、1934年に横須賀航空隊で考案され、開発された"ひねりこみ"運動が強力な武器となることが明らかになった。この"コルク栓抜き"(コークスクリュ)宙返りを打てば、追跡する側の機は宙返りの直径を小さくすることができ、通常の宙返りを打つ相手に対し、素速く後上方の有利な攻撃位置につくことができた。この戦術は日中戦争で多く用いられ、太平洋戦争の初期にもある程度続き、もともと運動性の高い機に乗っている日本海軍の戦闘機乗りたちは、この戦術によって格闘戦での戦果を一層高めた。これ以外に彼らが使った空戦の戦術、急横転、インメルマン反転、反転降下(スプリットS)などはいずれも外国の戦闘機パイロットたちが使ったもの同じだったが、この"ひねりこみ"はこの時期の日本の戦闘機パイロットたちのユニークな戦術だった。

　日中戦争の時期、編隊行動の訓練は行われていたものの、大方の場合、空戦はすぐに各機が上下、左右に激しく飛び廻る個機の戦いにもつれ込んだ。1941年の秋、太平洋戦争が近づいてきた頃、協同行動による空戦が重視されるようになり、その訓練が強化され、その規模も小隊から中隊へ、そして大隊へと拡大されて行った。太平洋戦争が始まった頃、日本海軍の戦闘機パイロットの協同行動の技量は大幅に向上しており、特に小隊と中隊のレベルで目立っていた。しかし、向上した協同行動の効果が発揮されるためには、常にチームを組んで協同行動の訓練を重ねてきた老練なパイロットたちがそろっていることが必要だった。太平洋戦争が進行し、ベテランのパイロットの損耗が続くにつれて、協同行動の戦闘効果は低下して行った。日本はレーダーを基盤とした迎撃指揮体制と実用性が確実な短波無線電話を持っていなかったので、日本のパイロットたちの協同戦闘能力は、敵側のその能力のレベルには到底及ばなかった。

　太平洋戦争の最初の1年の大半にわたって、日本海軍の戦闘機隊は彼らの標準である3機編隊によって大きな成果をあげたため、世界の主要な空軍がすでに使用していたにもかかわらず、2機編隊と、それを2つ組み合わせた4機編隊のシステムを採用するのが遅れた。1942年の後半に、横須賀航空隊がこの隊形を実験してみて、1943年の前半に限定的にこの隊形を実戦で使用した。しかし、このロッテ戦術——日本はドイツ空軍の用語、2機編隊(ロッテ)を借りたのだが、奇妙なことに4機編隊を"ロッテ"戦術と呼んだ——が日本海軍で本格的に使用されたのは1943年後半に近づいてからのことである。1943年6月の初めに、ソロモン諸島空域で戦っていた第204航空隊が初めてこれを通常の出撃隊形として採用した。それから後、同様に転換する部隊が続き、その年の末には従来の3機編隊に代わって、これが海軍戦闘機隊の標準の隊形になった。

九六式陸攻の編隊。3機がV字型に並ぶ陸攻隊の典型的な小隊編隊2つが梯形に並んでいる。
(via Edward M.Young)

1944年（昭和19年）の初めには、新しい戦術に対応して、戦闘機編隊単位の呼称が変更された。2機の単位は"編隊"、2個の"編隊"で構成される4機の単位は、"区隊"という呼称になった。そして、"区隊"2個が並ぶ8機の単位は"小隊"、"小隊"2個を組み合わせた16機の単位は"中隊"と呼ばれることになった。

■水平爆撃機
horizontal bombers

　大戦間の時代を通じて、どの国の空軍も双発や四発爆撃機の防御力を過大評価し、爆撃機は敵の迎撃を受けても"常に突破することができる"と考えていた。日本もその例外ではなかった。日中戦争初期の日本海軍の基本戦術では、彼らの新型機、九六式陸攻（G3M1）は"小隊"編隊（3機）によって敵の空域に侵入し、中高度（3000〜5000m）から爆撃するものと想定していた。ところが1937年8月、開戦初期の段階で中国戦闘機の迎撃によって大きな損害を受けて、日本海軍は手荒く目を覚まされた。その結果、もっと編隊を大きくし、作戦高度を高める戦術転換を迫られたのである。3機編隊の"V字型"小隊3個を"V字型"に配置し、9機編成の中隊編隊を組み、これが標準的な戦闘隊形となった。そして、敵の強力な防御が予想される時には、編隊の高度は7000m、またはそれ以上に高められた。敵の対空射撃の照準から外れることを狙って、通常の水平、直線の爆撃コースではなく、編隊全体が5度ほどの緩い角度で降下しながら投弾することもあった。

　敵戦闘機からの攻撃に対応するためには、長い横一列の隊形に組み変える戦術を取った。各小隊の列機が前の方に出て長機の左右に並び、2番、3番小隊も前に出て中隊指揮官編隊の左右の位置につき、このパターンが大隊編隊全体に拡げられたのである。この隊形によって、接近してくる敵戦闘機に多くの防御銃火を集中することができた。しかし、横一列編隊の左右の端の位置にある機は敵の攻撃を最も激しく受けやすく、実際に最も損害率が高かった。日本の搭乗員たちは編隊の両端の機を彼らの隠語で"鴨"──英語にも同様な意味の言葉、"sitting duck"（座り込んだ鴨）がある──と呼んだ。隊で最も新米の連中の機がこの位置につけられることが多かった。

　1942年（昭和17年）後半から1943年にかけて、連合軍の戦闘機迎撃と地上砲火の効果的な防御によって陸攻隊の損害は高まって行き、"V字形"編隊を"V字形"に配置した大編隊による昼間爆撃は続行することができなくなった。その後は、小編隊または単機が夜間に中高度または低高度で侵入する戦術に転換せねばならなかった。

長距離出撃の任務では通常、搭乗員は機内で食事を取った。この写真は九六式陸攻の若い下士官の航法士がアルミの弁当箱の食事を取っている場面である。九六式陸攻のコクピットは、その後継機である一式陸攻より窮屈だった。
（via Edward M.Young）

中国戦線で長距離出撃を重ねた陸攻隊にとっては、大陸の気象はいつも大きな挑戦となった。これは九六式陸攻の編隊が厚い積乱雲を通り抜けようとしている場面である。(via Edward M.Young)

　水平爆撃の投弾命中精度は急降下爆撃や雷撃に比べて低く、大戦間期と日中戦争の期間全体にわたって、これは日本海軍にとって難しい問題だった。その解決策として、1940〜41年の間に嚮導爆撃手システムが導入された［海軍では偵察員が爆撃照準を担当し、爆撃手という呼称はなかった］。編隊の先頭の機からの信号によって、編隊の全機が一斉に投弾する方式である。しかし、先頭の機の爆撃手の選び方に問題があった。従来、指揮官機の爆撃手は先任順位によって決められていた。しかし、ここにきて、爆撃照準の適性が高い者が選ばれ、この任務のための集中的な訓練を受けた後に部隊にもどり、嚮導爆撃手に任命される仕組みになった。

　爆撃手と常に一緒に飛ぶパイロットとの組み合わせは非常に重要な要素だった。米軍のノルデン爆撃照準器は、オートパイロットによって爆撃手の操作がそのまま機の左右方向の操舵に伝わる機構になっていたが、日本海軍の九〇式と九二式照準機にはそれが無かった。このため、ペアを組んだ爆撃手とパイロットが一緒に飛んで訓練を重ね、一心同体に近いほどの連携関係を造り上げることが爆撃成功のために必要だった。通常、目標空域進入から離脱と帰還まで、出撃の最先任者が指揮官として爆撃機編隊の先頭を飛んだ。そして、彼の乗機に嚮導爆撃手が乗っているのであれば、途中で編隊内の位置を変更することは不要だった。しかし、実際には、老練な下士官パイロットが操縦する機に嚮導爆撃手が乗って指揮官の列機の位置につき、爆撃進路に入る前に長機と交替して全編隊の先頭に立つ場合が少なくなかった。真珠湾攻撃の際の水平爆撃任務の九七艦攻の編隊の中にもその例があった。この作戦では水平爆撃を任務とする部隊は、小隊3個がV字形に並ぶ通常の隊形ではなく、この作戦のみの特別の隊形、"5機のV字形編隊"で出撃した。戦艦泊地の上の限られた空域内の行動で、で

きる限り投弾を目標に集中するための措置だった。

■ 雷撃機
torpedo bombers

　日本海軍の雷撃機隊は艦隊攻撃のために最も効果の高い航空部隊であると誇りを持っていた。そして雷撃機の搭乗員たちは武士道精神に基づいて、損耗率が非常に高いことを十分に覚悟していた。

　雷撃機は浅い角度で降下して戦闘空域に接近し、目標の艦船から3000mほど手前で水平飛行に移り、目標に向かって直線の雷撃針路に入った。海面から10〜20mの高度を維持して飛び、パイロットは目標まで1000m以内に接近して魚雷を投下する。魚雷投下の後、雷撃機は目標である艦船に向かってまっすぐに飛び続ける。こうすれば目標艦船の対空火器の射手たちの目には機体正面の、最も小さい面積が見えるだけであり、魚雷投下後、離脱のために反転に入って機体下面を敵の目に曝すよりも遙かに有利である。そして、狙った艦船の舷側よりも低く飛び、衝突に至る直前に上昇してその上を飛び越え、すぐに再び降下し、海面すれすれの高度で離脱して行った。

　戦前の演習によって、雷撃機の搭乗員は7割に達する高い損害率を覚悟せねばならないと予想されていた。そして、太平洋戦争で米国の艦隊の強力な防御砲火の中に突入すると、実際の損害率はこの予想を超えた。高高度水平爆撃の場合も同様だったが、日本海軍は最終的に魚雷攻撃を夜間行動に転換せねばならなかった。夜間雷撃では攻撃部隊は2つの任務に分けられた。照明弾編隊は先行して落下傘つきの照明弾——夜間に目標を照らし出すとともに、発光色が異なった照明弾を使用して、目標の針路と速度を表示した——を投下した。その後方に続く攻撃部隊は、前に説明した昼間雷撃と同じ戦術で艦船を攻撃した。

■ 急降下爆撃機
dive bombers

　日本海軍の急降下爆撃機は高高度から緩降下で目標空域に接近し、視界が悪くなければ通常、5000mほどの高度から急降下に移り、多くの場合、降下角度は55〜60度だった。実戦では高度450mで引き起こしに移るのが普通であり、ベテランの搭乗員の中には300mほどまで降下を続ける者もあった。そして、機首が水平にもどるのは地面か海面すれすれの高度だった。しかし、この激しい操作の間、後席の偵察員が高度計を読みとり、常にパイロットに伝え

出撃から帰投し、明るい表情で乗機、九六式陸攻を離れて行く搭乗員たち。装備品が入れてあるのか、トランクや包みをかついだりぶら下げたりしている。救命胴衣は着ていないので、陸上を飛ぶ任務だったと思われる。彼らは落下傘を身につけていない。
(viaEdward M.Young)

ることがきわめて重要だった。高度計の針は1回転するごとに500mの高度変化を示した。もし表示される――の回数を読み誤ったならば、墜落事故は避けられなかった。

　日中戦争の初期、日本海軍の艦爆隊は縦一列の編隊、または斜め後方に階段状に一列に続く梯形編隊で飛び、各機はほぼ同じ点に到達した時に急降下に移る戦術を取っていた。この戦術は高い損害を受けやすかった。敵の対空砲部隊は、どこに射弾を集中すればよいかをすぐに見て取ったからである。そのため、艦爆隊はこの戦術を、対空砲火の少ない地域だけに限るようになった。対空砲火が強力な目標に対しては、いくつかの小隊が別々の方向から目標を狙い、小隊の3機が編隊を組んだまま急降下する戦術に転換した。

　太平洋戦争の後半、米軍の強力な対空砲火を浴びせられ、従来の急降下爆撃は事実上自殺同様になった。このため日本海軍は、中隊の全機が横一列の隊形に並び、一斉に急降下に入る戦術を取った。

chapter 11
日本海軍戦闘機搭乗員の戦い
the imperial japanese naval airman in combat

"Somewhere in the South Pacific"（南太平洋の某地にて）というのは、太平洋戦争中の連合軍側の報道記事のお馴染みの書き出しだった。機密保持のために特定の地名を書くことは許されず、それに代わるこの言葉は本国の人々の心に、ジャングルで覆われた島々と戦場のエキゾティックなイメージをかき立てた。日本の側でも報道班員は"南方戦線"の"〇〇基地"からの報道記事を書き、内地に送っていた。

　1942年（昭和17年）の夏から1944年（昭和19年）の春までの2年間近くにわたって、ソロモン諸島とニューギニア東部では激烈な消耗戦が続き、連合軍と日本軍は相譲らず戦って、双方とも勝敗の見通しが立たなくなることがたびたびあった。航空戦では、この期間は太平洋戦争全体の中で最も長く続いた攻防戦であり、双方とも全般的に技量の高い敵を相手に苦しい戦闘を重ね、やっと勝利を握る局面が次々に続いた。ブーゲンヴィル島の南東端にあるブインは、この時期の日本の最前線の航空基地のひとつだった。1942年10月、日本海軍がこの基地を使用し始めてから、1年後に最終的に無力化され、その西側を北に向かって迂回前進して行った連合軍の前線の後方に取り残された状態になるまでの間、ガダルカナル争奪戦とそれに続くソロモン諸島中部の攻防戦において、日本軍の最も重要な航空作戦基地となっていた。ここで私たちは半世紀以上も昔にもどって、"南方戦線"のどこかにある〇〇基地"に配属され、戦力増大を続ける敵を相手に戦った日

本海軍の戦闘機隊のひとりの典型的なパイロットの経験を追ってみよう。

夜明け前に"ハットリ"——この物語の主人公であるパイロットの名をこう呼ぶことにしよう——は起床した。場所は飛行場の南の端、ジャングルの中にいくつか並んだ兵舎テントのひとつだった。彼は兵舎の食堂で質素な朝食を取った。麦飯と味噌汁だけである。補給が比較的良い後方の基地では、搭乗員の栄養維持のために卵や新鮮な果物が出されたが、ここのような前線基地ではそのような特別な食物はなかった。それでも彼らはありがたいと思わねばならなかった。もっと遠くの分遣飛行場では、地上要員はいつも芋の類を食べていたのだから。

ジャングルで囲まれた駐機地区に置かれた零式艦戦。ブーゲンビル島ブイン基地。地面は鋼板敷きになっている。(USAF photograph)

この日の最初の出撃の搭乗割りを受けている戦友たちと一緒に、ハットリは兵舎の近くの自動車置場でトラックの荷台に乗り、4kmほど離れた飛行場に向かった。離陸は夜明け直後、東京時間（TT）0500時と指示されていた。彼は小隊長の位置につき、"サトウ"と"キムラ"（この2名の名前もこの物語のために造ったものである）を列機として率いて飛ぶことになっていた。この朝、ガダルカナルに向かう護送船団上空の第1波の掩護の任務につくために、9機編成の1個中隊が出撃することになっており、ハットリの3機編隊はその第2小隊だった。日本軍の部隊はどの地域の戦線にいても、東京時間に基づいて行動していた。TT0500時はこの基地の地域の時刻では0600時だった。

この飛行場には滑走路が1本あり、長さは約800m、幅は30〜40mほどであり、北側のジャングルの縁から南の海の方向に延びていた。滑走路の中心線から左右10mほどの幅は鋼板で覆われていた。離陸の時、殊に増槽タンクを搭載している時には、常に海に向かって滑走した。滑走路の北の端のすぐ先には濃密なジャングルが拡がっていた。

この中隊の零式一号二型艦戦（零戦二一型の旧い呼称。A6M2）9機はTT0600時にレンドヴァ島付近で護衛船団の上空に到着し、第二波の編隊と0805時に交替するまでの2時間、高度3000mで哨戒任務についた。交替する編隊は予定通りに到着し、味方機であることを表示するため、両翼端を上下に振りながら接近してきて、ハットリたちの編隊も同じように翼を振った。彼らの機に装備されている九六式一号無線電話の信頼性は低く、事実上使いものにならなかったので、誰もそれを使用しようとはしなかった。戦闘機の間の連絡方法は手信号か翼の動き、もし可能であれば小さい黒板に白墨で短い言葉を書き、併行して飛ぶ僚機にコクピットの中から示す方法のいずれかが通常だった。

ハットリは旧式な一号艦戦に乗っていることを喜んでいた。古手のパイロットの多くと同様に彼は新型の零式二号艦戦（零戦三二型の旧い呼称。A6M3）が好きではなかった。二号はエンジンの出力が高く、速度も高かったが、彼は運動性が高く操縦性のバランスが良い一号の方が好きだった。航続距離が長いのも一号の長所だった。それに加えて、彼は一号の中でも、三菱で製造された古い機の方が、中島がライセンス生産した新しい機よりも好きだった。中島製はエンジンの滑油漏れのトラブルが少なかったが、三菱製は機体がしっかり出来ていると彼は見ていて、部隊の同僚も同じ見方を持っていたからである。

　周囲の空域と海面に警戒の目を配り、退屈さに負けないように緊張を保たなければならない船団護衛の任務は、いつも神経に負担がかかった。敵が現れない時、特にそれが辛かった。この何事も起きないパトロール任務は前日の繰り返しであり、ハットリが前週に出撃した任務と同じだった。大戦のこの時期、この戦域の作戦全体は激しく戦われていたが、このあたりでは毎日のように航空戦闘が行われるということはなかった。と言うよりは、何事もなく長々と続く任務の間に時たま敵機との遭遇が発生するのであり、その時には緊張して行動するが、それはいつも短い時間で終わるのだった。一日が過ぎると皆の頭の中ではすぐに、この日も他の日々と同じだったという印象になってしまった。

　この中隊編隊が北西に針路を取り、基地への帰路に入ると、それまで晴れていた天候が変わり始めた。すぐに黒い雲のカーテンが彼らの進路をさえぎった。渦巻いた霧が海面近くまで拡がって水平線がはっきり見えなくなり、大粒のスコールが海面を強く打ち始めた。編隊の飛行コースの前と後ろには視界が及ぶ限り気象前線が拡がり、これを迂回して抜け出す途はなくなった。最初、中隊指揮官は編隊を率いて雲の壁を飛び越えようと試みた。しかし、高度8000mまで上昇しても、巨大な積乱雲はもっと高く膨らみ続けた。このため、前線を突き抜けて飛ぶ以外に途はなかった。それには、雲の中の上昇温暖気流を恐れずに飛び込むか、誰も波に突っ込まないだろうと信じ、激しい雨の中を海面すれすれに飛ぶか、いずれかを選ばなければならなかった。指揮官は中隊を小隊編隊ごとに分散させ、激しい気流が渦巻く雲の中を各々で突破しようと心を決め、手信号によってそれを命じた。それを受けたハットリはサトウとキムラに手信号を送り、小隊長機に接近して決して見失わずについて来るように、と2人に命じた。彼ら3機が巨大な白い雲の塊に突入すると、その中の乱流は零戦をがっちり捉え、上下左右に乱暴に投げ上げ投げ下ろした。ハットリは計器板に目を配り続け、時々振り返って列機が離れずについてくるのを確かめた。このような状況

ソロモン諸島に向かって出撃する零式水上観測機（F1M）。旧式の複葉機であり、空気抵抗が大きいフロート装備だが、F1Mは南太平洋方面でさまざまな任務に当たり、大いに活躍した。

の下では、誰でも方位を見失う恐れがあった。

　永遠と感じられるほど長く、このように飛び続けた後、彼らはまったく突然、晴れた静かな空の下に跳び出し、1005時に基地上空に到着することができた。通常の予定の時刻より45分遅かった。しかし、この出撃の危険な部分はまだ終わってはいなかった。彼らが通り抜けてきた熱帯性の暴風雨は、その前に飛行場へ大雨を降らせていた。鋼板を敷いた幅の狭い帯状の部分の外側では、滑走路は泥水の海同様だった。ハットリとサトウは何とか無事に着陸することができたが、キムラの3番機は鋼板のベルトのすぐ外側でグランドループに陥り、脚を折ってしまった。ハットリの小隊は基地に最後に帰投［帰航投錨の略。日本海軍独特の用語］した編隊だったが、彼らより前に飛行場に到着した第3小隊では1機が帰着しなかった。この小隊は視程ゼロの状態の中で低高度、"海面すれすれ"を飛び、長機と2番機は何とか切り抜けて帰還したが、3番機は彼らから離れてしまった。中隊の8人のパイロットは遅くまで飛行場で待ち続けたが、彼は帰着しなかった。ショートランド島から零式水上観測機（F1M、ピート）1機が彼を捜索するために出動したが、何も発見できずに午後に帰投した。太平洋戦線で戦った敵味方の航空部隊の乗員たちは双方とも、天候が敵よりも恐ろしいものになる可能性があることを苦い経験から学んでいた。

　ハットリたちには戦友のひとりの運命をいつまでも心配している余裕はなかった。パイロットたちの大半は中隊単位で次々に交替して船団上空哨戒に当たる任務の合い間にも、別の任務につかなくてはならなかった。帰還してから間もなく、ハットリは飛行場上空哨戒の任務を割り当てられ、皆より先に昼食を取るように指示された。彼は群がる蠅を追い払いながら、大急ぎで海苔を巻いた握り飯をいくつか、茶と一緒に呑み下した。

　彼は1100時をわずかに過ぎた頃、列機2機を率いて再び離陸していた。2番機は先ほどと同じサトウであり、キムラの跡の3番機の位置には部隊に配属されたばかりのハシモトがついた。基地周辺にはB-17やB-24が毎日のように偵察のために侵入してきた。単機での侵入も多かった。彼らが現れるのはいつも正午前後だった。敵機はほぼ同じ時間に侵入してくるので、それに合わせて哨戒編隊を配置することができた。

　敵機の侵入は予測できても、それを撃墜することは別の問題だった。被弾に脆弱な日本の双発陸攻とは大違いで、米軍の四発重爆は強力な防御火力と頑丈な装甲を持っていた。これを攻撃するためにどのような戦術が効果的なのかについては、パイロットたちの間でいつも議論されていた。彼らは試行錯誤の過程を経て、前上方からの正面攻撃と真上からの垂直降下攻撃が、米軍の重爆撃機を撃墜するために効果的であると考えるようになったが、まだ戦術として明確なものにはなっていなかった。この日、ハットリと2人の列機パイロットは、彼らが機関砲を撃ち込んだ部分が重爆の装甲の弱点であればよいのだがと、望みをかけるだけだった。

　基地の上空を高度5000mで旋回している内に、ハットリは金属が太陽光線を反射した小さな閃きを目の端に捉えた。ハットリと列機は迎撃のために上昇に移り、その小さな点はすぐに、お馴染みのB-17の形になって行った。地上の監視哨もこの敵機を発見し、彼らの通報によって、飛行場の端に待機していた警急発進小隊の零戦3機が離陸した。

　ハットリは旋回コースでB-17に接近して行き、前方からの航過態勢に入っ

太平洋戦争が進むにつれて連合軍の戦力は目立って増大し、日本海軍が受ける圧力は高まって行った。これは1943年10月、ラバウル基地が米陸軍航空軍の爆撃機から攻撃を受けている場面である。低空爆撃用の落下傘つき爆弾が多数投下されている。この時期までには、ブーゲンビル島のブイン基地は事実上機能を失っていた。(USAF photograph)

て射撃した。爆撃機の左の翼の付け根を狙って撃ち込んだ後、降下に移って敵機の下を通過した。列機も各々同様に攻撃をかけた。彼は小隊を率いて反転し、側面からの攻撃コースに入った。接近しながら機を横滑りさせ、B-17の胴体中部を狙う位置について射撃した。彼は敵機の上を飛び越えながら方向舵を切って再び機を横滑りさせた。ハットリは後方を振り返って見て、ハシモトの機が主翼から燃料漏れの薄い線を曳いているのに気づいた。幸いなことに火災には至ってはいなかったが、ハシモトはこれ以上戦えなかった。ハットリは手信号によってハシモトに着陸せよと指示しながら、後で彼に教えてやらなければいけないと考えた。ハシモトは新しい補充パイロットのひとりだった。年季が入ったパイロットなら誰でも知っていることを、彼はこれから覚えなければならないのだ。たとえば、戦闘の際にまっすぐに飛んだり、緩やかに旋回すれば、火焔に包まれた死に陥る可能性が高いことである。その理由は、敵の12.7mm機銃は零戦の20mm機関砲よりも銃身が長く、そのため弾道の沈みが少なく、有効射程が長いからである。ハットリとサトウはその後に2回、B-17を攻撃した。彼らはこのうすでかい爆撃機にずいぶんたくさんの弾丸を命中させたと自信を持って言えたが、B-17はびくともせずに飛び続けた。

　最後の攻撃の時、2人は緊急出撃した3機の零戦と一緒になった。彼らは20分間追跡して、ようやく戦闘の場面に到着したのである。ハットリはすぐに気づいた——この3機は目標までまだ大きな距離が開いているのに、射撃し始めたのである。彼はその理由を理解することができた。敵の四発重爆のサイズがあまりにも大きいので、零戦のパイロットたちは目標までの距離の

判断を誤るのだということを。彼らの意識の中で判断の基準となるお馴染みの"大型機"は、B-17よりはるかに小さい日本海軍の双発の陸攻だけだった。ハットリは彼の最後の一航過の時、頑張って目標に機首を向けて射撃しながら接近し続け、衝突の寸前に舵を切って回避した。この攻撃方法により、彼はやっと重爆のエンジンの1基に煙を噴かせることができた。しかし、損傷を受けたB-17は、6000mの高度に長く拡がっていた雲の中にうまく姿を消した。この日も彼らは、米軍の大型重爆を撃墜することができなかった。

　第4波の船団上空掩護任務から帰投したパイロットたちは、激しい戦闘があったことを報告した。ガダルカナルに向かう日本軍の船団を攻撃するために、グラマンF4F戦闘機とダグラスSBD急降下爆撃機の編隊が襲ってきたのである。輸送船1隻が被弾したが、この船も含めて船団は目的地に向かって航行を続けた。

　勤務外の隊員たちはいずれも、戦闘報告を聞くために基地の指揮所の前に集まった。飛行場の西側面の半ばのあたりに建てられた指揮所は、材木の骨組みと板張りで造られた堂々とした建物であり、床は柱で支えられていて腰の高さほど高く造られ、地面から階段で登るようになっていた。指揮所の上には椰子の木の丸太で造られた高さ25mほどの見張りやぐらが立っていた。

　帰着した中隊の指揮官はただちにパイロットたちを周囲に集合させ、各々から戦闘状況の報告を受けた。日本海軍は、前線部隊で搭乗員から作戦報告を受けるために訓練された情報要員を持っていなかった。戦果報告を評価する手法もまちまちで、戦果についての判断は個々の部隊の指揮官に任されていた。搭乗員たちの戦果報告には実際に撃墜された1機が数人から報告されたり、過度に楽観的な判断だったりする可能性があるはずだが、そのような点には考慮を加えず、報告された戦果数が単純に合計される場合が多かった。

　中隊指揮官は搭乗員からの報告聴取を終わると、飛行服を着たままの部下とともに指揮所の前に整列し、列の数歩前に立って気をつけの姿勢をとった。彼の前、一段高い舞台のような指揮所のベランダに並んだ部隊司令と数人の幹部将校に向かって、中隊指揮官は口頭で作戦について報告した。彼が報告した彼の中隊の撃墜戦果は"グラマン"——日本軍では普通、F4Fをこう呼んでいた——6機と急降下爆撃機2機だった。その内、グラマン1機と急降下爆撃機1機は撃墜"不確実"——連合軍側の"ほぼ確実"撃墜に相当する——と報告された。この2機はいずれも命中弾を確認されたが、細い煙を曳きながら雲の中へ逃げ込んだ。

　第4波の中隊はこの戦果に対する代償として2機を失った。ハセガワはグラマン数機の後上方からの典型的な奇襲攻撃を受け、僚機が敵に向かって行く時間もなく、命中弾を受け、焔の塊になって墜落して行った。もうひとり、エンドウの機の損失の状況は誰も視認していなかった。戦闘の後、指示されていた会合地点に現れなかったのである。

　中隊指揮官は口頭での概略報告を終わると、司令に敬礼した。司令は敬礼を返し、この日の任務に対する賞詞を手短に述べた後、解散を命じた。戦闘行動について正式の報告書（戦闘詳報）は、夕刻までに部隊本部の准士官が作成し、その主要な詳細事項は部隊の戦闘日誌（戦闘行動調書）に記入されるのである。

　指揮所の前から隊員たちが散って行き、ハットリは便所に行った。便所は

この基地の施設の中で意外に快適なもののひとつだった。普通、日本軍の前線部隊の便所は地面に穴を掘っただけの不潔な汚物溜めなのだが、この基地の便所は飛行場の東側沿いに流れている幅の広くない川の辺に設けられ、川の上に板を突き出して造られていた。排泄物が自動的に川下に流れていくのは長所だが、ひとつだけ困った点があった。ブーゲンヴィルの水辺には鰐が何匹もうろうろしているので、川の中に目を配る必要があることだった。便所の床板は水面から1mほど高いだけなので、これは笑いごとではなかった。

　ハットリが無事に用を足し、飛行場に向かって歩いている時、聞き慣れた栄エンジンの爆音が遠くから響いてきた。爆音を聞いた他の隊員たちと一緒に飛行場に駆けつけると、単機で飛ぶ零戦が滑走路に接近してくるのが見えた。それがエンドウ——第4波の船団掩護の出撃で行方不明になったと思われてい

九六式陸攻のエンジンの下で、同じ機に乗組む数人の搭乗員が夜明け前の静かなひと時を過ごしている。尺八の音色は皆の心に浸みるものだったに違いない。(viaEdward M.Young)

た男——の機だと誰もが気づいた。彼はやはり帰ってきたのだ！　エンドウはフラップを下げ、脚を出し、キャノピーを後方に押し下げ、座席の高さを上げて着陸の準備を整えた。しかし、滑走路の直前まで接近しても彼の機の主翼は不安定に揺れ続け、機体が損傷しているか、それとも彼自身が負傷しているのではないかと感じられた。彼は機体を無事に着陸させ、エンジンを切った。滑走し続けるこの機を追って大勢の隊員が走った。機は滑走路の端で停止し、彼が何とかコクピットの外に出ようと苦闘しているのが見えた。サトウが最初にその場に駆けつけた。エンドウは彼の親友で、予科練の同期生だった。サトウは零戦の翼によじ登り、コクピットの横に立って、負傷しているパイロットの縛帯をていねいに外し始めた。他の数人も次々に翼の上に立ち、力を合わせてエンドウをコクピットから外に出し、待ち構えていた担架に載せた。

エンドウは空戦の基本的なルールから外れる失敗を犯してしまったのだった。彼は1機のグラマンを追跡するのに夢中になって、小隊長機を見失い、ガダルカナルの敵の飛行場の近くまで迷い込んだのである。炸裂した対空砲弾の破片によって、彼は背中と横腹に負傷した。幸いなことに、カポック詰めの部厚い救命胴衣が破片の衝撃をある程度抑えるクッションとなり、生命にかかわる部分の負傷は無いと野戦病院の軍医が診断した。エンドウの体力がある程度快復した後、軍医は手術によって弾片を摘出し、傷口を縫合した。麻酔薬は無く、サトウたち数人がエンドウを手術台代わりのテーブルに押さえつけ、彼自身は叫び声をあげないように必死になって我慢した。痛みは負傷したときよりも激しかったが、エンドウは生き延びることができた。

　その日の夕方、ハットリは、下士官兵のテントの地区で燃料ドラム缶の風呂に入った。缶を何本か並べて立て、水を張り、缶の下で火を焚いて湯を沸かすのである。これは粗末だが実用的な仕掛けであり、日本人が大好きな熱い湯に浸かる気分を十分に味わうことができた。彼が風呂から出ると間もなく、キムラとハシモトがやって来て、夕食の準備ができたと報告した。彼らはいくつもの芋の皮をむいて煮上げたのである。このように遠い前線の基地でも、日常生活の中で階級の上下の差は厳しく守られていた。彼ら2人は下の階級なので、地上の日々の暮らしの雑用に当たるものとされていた。操縦員（パイロット）であるという資格があっても、特別扱いされることはなかった。

　階級と先任順位が厳しく守られる組織の中で、唯一、例外が空中では認められていた。出撃の際は経験と技量が何事よりも重視された。特にパイロットの消耗が進むにつれ、経験の高い下の階級のパイロットが、新たに配属された上の階級のパイロットを列機として率いて出撃することも珍しくなくなっていた。"南方戦線"の厳しい状況の下では、過去の戦闘経験のみに頼ってうまく戦い抜くことは厳しく、特に、しばらく前線勤務から離れていたパイロットたちにとっては、苦しい戦場だった。2週間ほど前、ベテランの下士官が列機2機とともに行方不明になった。彼は中国戦線で数機撃墜の実績を持ち、ハットリの部隊では彼の階級と過去の経験を十分に尊重した。しかし、彼は中国戦線勤務の後、この部隊に転勤してくるまでの間、内地の訓練部隊の教員の職についていた。このベテランは自分のこれまでの評判を維持することを強く意識しているようで、この部隊で以前から戦っているパイロットたちのアドバイスを求めることもせず、隊員たちにあまり好かれていなかった。ソロモン諸島の航空戦は、彼が数年前に知っていた中国戦線の戦いと大きな相違があった。彼はそれに気づいたが、あまりにも遅すぎた。彼は"一匹狼"のように敵の空域へあまりに深く侵入し、彼自身と2人の部下を死の罠に導いたのだと思われる。

　しかし、通常は、先任順位の高いパイロットたちは当然高い経験を持っていた。キムラとハシモトはこれまでに出撃を重ねており、少なくともこの点は幸せだと思っていた。彼らより後にこの部隊に配属された者たちは、指揮所の正面の黒板に書かれる毎日の出撃の搭乗割りに自分の名前がいつ並ぶようになるのかと、長い間待つようになっていた。新入者たちはそれをありがたいとは思っていなかったのだが、これは部隊の幹部将校の注意深い配慮によるものだった。若いパイロットたちがスムースに実戦に送り込まれ、慣熟し、自信を深めて行くようにさせたいと幹部は配慮したのである。しかし、

このやり方のために、経験の高いベテランたちの肩にかかる負担が大きくなったことも確かである。その結果、彼らは疲労が重なり、熱帯性の疾病にかかりやすくなった。その晩、ハットリもとうとうマラリアにやられてしまった。

彼は体力が弱まり、空襲警報が発令されてもテントの後方の防空用の塹壕まで這いずって行くことができなかった。敵の爆撃機が上空を飛び、時には皆の目を覚まさせるために爆弾を投下しても、彼は木製のベットに横たわったままだった。部隊のパイロットたちは零戦に乗って離陸し、夜間迎撃を試みたが、まったく成功しなかった。このような夜間攪乱爆撃と有効に戦うことができる夜間戦闘機があればよいのだがと、誰もが感じた。ハットリにとって幸いなことに、彼の近くには爆弾が落ちてこなかった。

2週間の後、まだ十分に回復し切ってはいなかったが、ハットリは出撃要員に復帰した。経験の高いパイロットが少なくなり、彼の出撃が至急に必要とされたのである。その時までには、キムラが戦死していた。1週間前、ガダルカナル上空でのF4F数機との空戦で撃墜されたのである。サトウはその戦闘で重傷を負い、日本に送還されることになっていた。命に別状なく"南方戦線"を離れることができる幸運な男のひとりとなった。一方、エンドウは負傷から回復し、出撃を再開した。そしてハシモトは、優勢な敵との毎日の戦いの中で最初の撃墜戦果をあげ、老練なパイロットに育つ途を歩み始めていた。

付録
appendices

■用語説明

◎海軍機の機種

爆撃機	日本海軍の用語では"爆撃機"は急降下爆撃の機能を持った機を意味する。
攻撃機	"攻撃機"は魚雷攻撃の機能を持つ機を指す。水平爆撃の任務にも当てられる。
艦爆	艦上爆撃機の略称。航空母艦搭載用の爆撃機。例:九九式艦爆、"彗星"艦爆。
艦攻	艦上攻撃機の略称。例:九七式艦攻、"天山"艦攻。
艦戦	艦上戦闘機の略称。例:九六式艦戦、零式艦戦。
艦偵	艦上偵察機の略称。例:九七式艦偵、"彩雲"艦偵。
陸攻	陸上攻撃機の略称。陸上基地から作戦する攻撃機。多発、中型。例:九六式陸攻、一式陸攻

◎火器

機関銃	通常、米英の標準に合わせて口径15mm未満(実際に存在するのは7.5〜13.2mm)の自動火器を機関銃と呼ぶ。日本海軍は20mmも含めて、それ以下の口径のものを機関銃と呼んだ。
機関砲	通常、口径15mm以上の自動火器を機関砲と呼ぶ。日本陸軍は12.7mm以上のものを機関砲と呼んだ。

◎部隊組織

航空戦隊	航空母艦または水上機母艦2隻以上、または複数の航空隊(10個航空隊の例もある)で構成されていた。各戦隊には番号がつけられ、航空艦隊、方面艦隊などの指揮下に置かれた。
航空隊	海軍航空隊の基本となる部隊単位。規模、任務、装備機種はさまざまである。初めは所在基地名をつけて呼ばれていた。例:横須賀航空隊。1942年秋以降、作戦任務の部隊は番号つきの航空隊となり(番号には任務と配備組織が示されていた)、練習航空隊だけが地名つきのまま残った。作戦任務の航空隊は航空戦隊などの指揮下に配置された。

編隊	中隊：小隊編隊（3機編成）3個が逆V字形に並ぶ9機編隊。1944～45年には戦闘機隊では小隊が4機編成に変わり、中隊は4個小隊編成、16機となった。 大隊：3個中隊が並ぶ27機編隊。 編隊：太平洋戦争の後期、1944～45年には日本海軍もドイツ、英国、米国の空軍と同様に、2機を戦闘機の戦闘行動の最小単位として採用し、これを"編隊"と呼んだ。 区隊：2個"編隊"を組み合わせた4機の隊形を"区隊"と呼んだ。

◎搭乗員訓練制度

操縦練習生	海軍内で募集・採用した下士官兵をパイロットに養成する飛行術訓練生制度は1920年から続いていたが、1930年（昭和5年）に操縦練習生制度（略称"操練"）という呼称になった。
飛行予科練習生	1928年に一般人か15～17歳、高等小学校卒業または中等学校2年修了の者を募集・採用して、下士官兵パイロットを養成するための教育・訓練制度、飛行予科練習生（略称"予科練"）が設けられた。訓練期間は最初3年だった。
甲種飛行予科練習生	1937年に設けられた甲種飛行予科練習生（略称、"甲種予科練"または"甲飛"）制度は、16～19歳、中等学校3年半修了の一般人を募集・採用した。訓練期間は最初1年半とされていた。
乙種飛行予科練習生	1937年に甲飛が設けられたため、従来の予科練が乙種飛行予科練習生（略称"乙種予科練"または"乙飛"）と改称された。
丙種飛行予科練習生	1940年、従来の操練の後継となる制度として丙種飛行予科練習生（略称"丙種予科練"または"丙飛"）が設けられた。採用された者は既に海軍の経験があるので、訓練期間は最初6ヵ月とされていた。
飛行練習生	予科練、甲飛、乙飛、丙飛の課程修了者は飛行練習生（略称"飛練"）として初級練習機と中間練習機による飛行訓練を受けた。期間は最初7ヵ月とされていた。
延長教育	飛練課程修了者は戦闘機、急降下爆撃機などの専門任務に分けられ、各任務の実用機訓練を受けた。"延長教育"と呼ばれるこの課程の期間は5～6ヵ月だった。
飛行学生	海軍兵学校を卒業し、少尉候補生を経て少尉に任官した後に飛行訓練を受ける者を"飛行学生"と言う。彼らは海軍省から"飛行学生を命ず"という辞令を受けていた。

カラー・イラスト 解説
color plate commentary

図版A：第一次上海事変

1932年（昭和7年）1月28日～3月4日の日中間の戦闘、第一次上海事変の際、2月22日に日本海軍航空隊は空中戦での最初の撃墜戦果をあげた。この日、航空母艦"加賀"の艦載機、一三式三号艦上攻撃機（3MT2/B1M3）3機と護衛の三式二号艦上戦闘機3機が、臨時の地上基地である上海の飛行場から出撃し、単機で飛んでいた新型機、ボーイング218戦闘機（米国人義勇兵パイロット、ロバート・M・ショートが操縦していた）と蘇州上空で戦い、撃墜したのである。一三式艦攻小隊は1番機の中席に偵察員として搭乗した小谷進大尉が指揮官だった。三式艦戦小隊の長機は生田乃木次大尉、2番機は黒岩和雄三空曹、3番機は武雄一夫一空兵だった。

1． 一三式艦攻が最初にボーイングを前方右側、距離1000mの位置に発見した。敵機は高度300mから彼らの編隊を目指して上昇してきた。一三式艦攻の高度は約900m、三式艦戦の編隊は艦攻編隊の後上方の位置につき、高度は1500mだった。

2． 一三式艦攻は各機の間隔を詰め、左に旋回した。接近してくるショートの機に、3機の艦攻が後方に向けて装備された旋回機銃の火線を集中するためである。一方、艦戦の3番機、武雄一空兵はボーイングと交戦するために、右に降下して行った。武雄は200mの距離から射撃したが、命中弾の手ごたえはなかった。

3． 一方、ショートは後下方から艦攻編隊を狙って射撃した後、編隊の上方に上昇し、宙返りを打って右後方から再び艦攻編隊に射弾を浴びせ始めた。双方が撃ち合う中で、1番機の小谷大尉が日本海軍航空隊の最初の戦死者となり、後席の電信員／機銃手、佐々木一空兵が負傷した。

4． ショートは射撃しながら艦攻編隊の後方20mまで迫った。それから小谷機の下を10m足らずの至近距離で通り抜け、艦攻編隊の右前方へ急上昇して行った。この好機を捉えて生田大尉が後上方からボーイングに攻撃をかけ、黒岩三空曹は下方から攻撃した。両機は100～200mの距離で射撃した。生田の射弾が決定的だったと思われる。彼にはショートがコックピットの中で前に倒れ込むのが見えた。機体からガソリンの蒸気を噴き始めるのも見えた。次の瞬間、ボーイングは垂直に機首を下げ、火災を起こし、右廻りのスピンに陥って地上に墜落した。

この戦闘で生田大尉が小隊を率いて戦った戦術は、亀井凱夫少佐が英国で学んできた戦術原則を忠実に適用したものだと、後に生田自身が語っている。1929年に英国留学から帰国した亀井大尉（当時の階級）は、英国空軍で学んだ戦術を海軍の同僚たちに伝えた。生田大尉が日本海軍で最初の確実撃墜戦果

をあげた戦闘で、小隊は密集した"V字型編隊"を組んでおり、戦闘中の3機の運動を見ても、日本海軍の初期の航空戦術開発に英国空軍の影響が強かったことを典型的に示している。

図版B:"ひねりこみ"と日本海軍の編隊隊形

1. "ひねりこみ"運動は1934年に横須賀航空隊の望月勇一空曹が考案したコークスクリュー(螺旋状コース)宙返りのテクニックである。この運動は宙返りに入って上昇して行く時に、段々に機首を横方向に振って行き、宙返りの頂点で機首は横を向き、失速に近い状態になる。そこでコークスクリュー運動を始めて、宙返りの降下の部分に入る。この飛び方によってこの機は宙返りの半径を縮めることができ、通常の宙返りを打つ相手に対し素速く後上方の有利な攻撃位置につくことができる。しかし、この運動を適切に実行するためには、かなり高い操縦技量が必要だった。"ひねりこみ"戦術は1937年(昭和12年)に始まった日中戦争の初期に多く使われ、日本海軍の戦闘機パイロットたちは、もともと日本機より運動性が高い敵機を相手に、古典的な格闘戦(ドッグファイト)で優位に立つことができた。太平洋戦争の最初の数カ月にも日本海軍の戦闘機パイロットの格闘戦の腕前は高く評価され、この戦術はその要素のひとつとなった。このイラストは九六式艦戦(A5M)が"ひねりこみ"によって中国空軍のカーチス・ホークⅢと戦っている状況を示している。

2. これは日本海軍戦闘機隊の標準的な中隊編隊(9機)と大隊編隊(27機)である。通常、偶数番号の位置は長機(または長機編隊)の左側、奇数番号の位置は右側である。したがって、基本的な3機の小隊編隊では2番機が長機の左後方、3番機が右後方の位置につき、大きな編隊でも同様な配置方法が用いられた。9機で構成される中隊編隊では第2小隊が長機小隊の左後方、第3小隊が右後方の位置についた。各小隊の間隔は2機から3機の長さとされていた。大隊編隊では第2中隊の9機が長機中隊の左後方、第3中隊が右後方の位置につき、中隊編隊間の距離は100～150mだった。両側の中隊編隊は長機編隊より高い位置につき、第3中隊は右後方で編隊全体のトップカバーの任務についた。

3. 上の項で説明した編隊は戦闘が予想されない時の長距離飛行のためのものである。日本海軍は中国戦線での経験により、各機の間隔が狭い"V字型(ヴィック)"編隊は実際の戦闘で柔軟性に乏しいことを理解した。彼らはすぐに、戦闘が予想される場合のために間隔を緩くした配置の隊形を採用した。この隊形では2番機は長機から20～30m離れ、長機に対して45度左斜め後方、長機より約30m高い位置、3番機は長機から約50m離れ、長機に対して30度右斜め後方、2番機より約30m高い位置についた。左に鋭く転針する時、この隊形では2機の列機がクロスオーバー(左右の位置の入れ替わり)する必要があり、その結果、転針の後には2番機は長機の右後方、3番機は左後方の位置に変わった。3図の中央はクロスオーバーの過程であり、左側の図は元々の隊形、右側の図は転針後の隊形を示している。

図版C:1937年(昭和12年)頃の搭乗員の装備

日本海軍の搭乗員の装備は1937～45年の間の時期にほとんど変化がない。上段右側の人物像、図1は、1937年頃の訓練生パイロットの服装である。上段左の図2は標準的なカポック詰めの救命胴衣、上段中央の3点の内の図3は革製の航空手袋、図4は毛皮の裏地がついた革製の航空帽であり、耳のフラップには教官との通話のための伝声管が取りつけられていた。図5は古い型の航空眼鏡であり、レンズは平面、フレームの上部も平面である。この型は日中戦争の初期まで使用された。

下段左側の人物像、図6は太平洋戦争前半の時期の日本海軍パイロットの典型的な服装を示している。上段の人物像と同じく、彼は救命胴衣を身につけ冬用のウサギの毛皮の裏地つき、羊革製の航空帽を着用している。それを左横から見た形が右端下段半ばの図7である。その下の図8は曲面になった大きなレンズつきの改良型航空眼鏡である。日中戦争の途中で使用され始め、太平洋戦争のほぼ全期にわたって標準の装備品だった。この人物像の右側に並んだ数点の彼の装備品の内、図9は彼が携帯する口径8mmの南部式拳銃である。拳銃にはロープの下げ緒がついていて、図6の人物像ではパイロットが救命胴衣のベルト、右脇腹のあたりに差し込んでいるように描かれている。この拳銃は外地で搭乗員が出撃の際に携帯した。中段のカポック救命胴衣、図10は上段左側の図2に描かれているものから変化はないが、胴衣の背中の部分に個人名と部隊名が書かれていることに注目されたい。下段右半分に並んだ装備品の内、図11は飛行時計。

下段中央の図13、"千人針"は純粋に個人的な着衣であり、官給品着衣や装備の一部ではない。これは民間の御守りであり、戦時中の日本軍の将兵の間に広く広まっていた。身体に及ぶ危害を防ぐ神仏のご加護を期待するものであり、欧米の幸運のウサギの左後足と共通点がある。前線の将兵の武運長久・安泰を祈る銃後の女性たちが、道行く女性たちに呼びかけて、白い木綿の布に赤い糸で1人一針ずつ縫ってもらい、その縫玉が千針集まると完成する。それを贈られた者は腹に巻いて身につけた。

上段と下段の人物像は両方ともギャバジン製、キルト裏地つきの上下つなぎ型の冬季用飛行服を着ている。寒気の激しい地域では襟と裏地に毛皮をつけた飛行服が用いられ、太平洋戦争の時期には電熱装置つきの飛行服も使用された。

図版D:陸攻の標準的な編隊

1.2. 陸上攻撃機の標準的な編隊が示されている。これは日中戦争から太平洋戦争前半までの時期の大規模な昼間爆撃作戦のための編隊である。図1の9機編成の中隊編隊と、図2の27機編成の大隊編隊はいずれも、水平爆撃のための"V字型編隊のV字型配置"である。小隊編隊の中の各機、中隊編隊の中の各小隊、大隊編隊の中の各中隊は、できる限り投弾を集中させるために、相互の距離を詰め、等間隔にしている。小隊の列機は長機の斜め後方、一段高い位置につき、中隊編隊の中での後続小隊の長機小隊に対する位置、大隊編隊の中での後続中隊の長機中隊に対する位置も同様である。これは後続機が長機、または長機編隊のプロペラ後流による乱気流を避けるためである。

3. 敵の戦闘機に対する防御の戦闘では、陸攻は横一列に近い隊形に編隊を組み変えた。この隊形は編隊のどの部分を攻撃されても、敵の戦闘機に対して防御火線を最大限に集中することができるからである。"VのV"編隊から横一列への組み換えの際、列機は各々前に出て長機の横の位置につき、編隊と編隊の間でも同様に位置関係を変えた。図3は小隊編隊内での2番機と3番機の位置移動を示している。図3aは正面から見た大隊編隊の防御隊形、図3bは上方から見たその隊形である。

図版E:日本海軍の魚雷攻撃と急降下爆撃の戦術

1. 攻撃機による魚雷攻撃のために定められた戦術は次の通りである。浅い降下角度で戦闘空域に進入し、目標まで3000mの地点で水平飛行にもどり、雷撃コースに入る。目標まで1000m以内の距離、海面上約20mの高度で魚雷を投下する。

2. 目標艦船のコースに対してどの程度の角度で魚雷を投下すべきかは、目標の航走速度を読んで素速く判断せねばならない。この判断の能力はきわめて重要だった。投下後の攻撃機が飛ぶコースはひとつしかない。可能な限り低い高度、できれば目標の舷側より低い高度を取り、目標に向かって直進し続け、衝突の直前の点で上昇して目標を飛び越え、目標の向こう側で

再び海面すれすれの高度にもどる。当然、この戦術による戦闘の損害率は高かった。

3. 日本海軍は魚雷攻撃と水平爆撃の機能をもっている機種を攻撃機と呼んだが、この機種に急降下爆撃の機能はなかった。一方、日本海軍は急降下爆撃の機能を持つ機種を爆撃機と呼んだ。爆撃機は浅い角度で降下して目標上空に進入し、高度4500〜5000mから急降下に移り、高度450mほどで投弾して機首引き起こしに入る。この時の速度は300ノット（560km/h）であり、機の高度は引き起こし開始の高度より300〜350m "沈下" し、完全に水平飛行にもどる時には高度100mほどになっていた。しかし、ベテランの搭乗員はもっと海面近くまで沈下しても大丈夫だと自信を持ち、高度300mほどまで急降下を続けた。日本海軍の標準的な急降下角度は55〜60度だった。

九九式艦爆（D3A）の通常の爆弾搭載量は250kg爆弾1基、30kg爆弾2基であり、その後継機である"彗星"（D4Y）は250〜500kg爆弾1基と30kg爆弾2基だった。

太平洋戦争勃発までに日本海軍の雷撃機隊と急降下爆撃機隊は、各々の戦術による攻撃を組み合わせて同じ目標を攻撃する協同行動の訓練を重ね、同じ母艦の飛行隊との間だけでなく、他の母艦の隊とも協同して大規模攻撃を展開することができた。雷撃または急降下爆撃、各々の戦術で攻撃する場合には、同じ目標をいくつかの異なった方向から同時に攻撃することもできた。

図版F：作戦行動中の一式陸上攻撃機の内部、太平洋戦争の時期

1. 後方から見たコクピット前部の状況。索敵行動中の場面である。搭乗員は半袖、短ズボン、明るいカーキー色の防暑服の上に救命胴衣を着て、飛行帽を被っている。画面左側の下士官の偵察員／航法士が双眼鏡を構え、敵影を求めて水平線に至るまでの海面を監視し、右側では先任偵察員／機長が海苔を巻いた握り飯の昼食を食べている。烹炊所の当番兵は材料の乏しい前線基地でも、搭乗員たちに喜んでもらえる食事を作ろうと努力してくれたので、疲労が重なる長い出撃の時間のハイライトが弁当であることも多かった。弁当は手袋を外さなくても摘まめるように、小分けして包まれている場合もあった。機長

食事の時間は短かったが、練習生たちは毎日の厳しい課業の間でひと息入れることができた。海軍では下士官兵の主食は麦飯であり、混じり物のない米飯は准士官と士官だけに許された贅沢だった。（via Edward M.Young）

の前には操縦員の席、その左側の席には副操縦員が座っている。米軍ではパイロットが左側の席、コパイロットが右側の席であり、日本陸軍も同様だったが、日本海軍の正・副パイロット配置はその逆だった。

2. この一式陸攻の後部胴体の透視図には、敵機と交戦中の機銃射手が描かれている。側面銃座の射手は膝をつかなければならなかったことに注目されたい。側面銃座の水滴型風防の後半部分は射撃のために取り外され、胴体内、銃座後方の定位置に収納されている。一式陸攻一一型の防御火器は尾部銃座に九九式一号20mm機関砲が装備され、それ以外の銃座はすべて九二式7.7mm機銃——太平洋戦争での連合軍戦闘機に対して威力不足であると痛感されていた——である。二二型以降は20mm機関砲が2〜4門に増備された。

図版G：ラバウル、1943年11月2日、米陸軍航空軍第5航空軍のP-38、B-25の群れと戦う空母"瑞鶴"搭載の零戦52型（A6M5）

この前日、第1航空戦隊、空母"翔鶴"、"瑞鶴"、"瑞鳳"搭載の飛行機隊の艦戦、艦攻、艦爆、艦偵、合計約170機がニューアイルランド島のラバウルとカビエンの飛行場に進出してきた。この地域の連合軍の航空部隊と艦船に対する一連の航空攻撃を陸上基地から実施するためである。2日の早朝、この部隊の大半はブーゲンビル島周辺の米軍の艦艇と輸送船を攻撃するために出撃した。この出撃から帰還した後も、搭乗員たちは再度出撃の戦意を維持し、地上要員は整備、爆弾搭載、給油の作業を急いで進めた。その時、ラバウル地区は、ニューギニアの数カ所の基地から出撃した第5航空軍のB-25とP-38、150機以上の低空攻撃を受けたのである。日本側が高速で進入する米軍機を発見したのは上空到着の直前だったが、多数の零戦が次々に離陸し、狂ったような激戦が始まった。迎撃に向かった零戦は115機（第1航空戦隊から58機、陸上基地配備の3つの航空隊——第204、第201、第253——から57機）であり、この日、第5航空軍の乗員たちは予想外の激しい歓迎を受けることになった。日本海軍は戦闘機と対空砲火によりB-25 9機とP-38 10機を撃墜し、18機を失った。

このイラストは瑞鶴戦闘機隊の零戦3機が、地上掃射用に改造されたB-25Dの編隊と交戦している場面である。これらのB-25は第345爆撃航空群第501爆撃飛行隊の編隊であり、シンプソン港の東岸を攻撃した後、外港を目指して飛んでいる。画面右上部のP-38G 2機は爆撃機編隊の前衛として進入して来た第8戦闘航空群第80戦闘飛行隊の所属で、B-25を援護して零戦と戦っている。後方には別の飛行隊のB-25の編隊が港内の艦船攻撃を始めたのが見える。ラバウルの市街と西岸沿いの波止場の地域には、わずか前の攻撃による被害の煙が立ち昇っている。空中には日本機が米軍の爆撃機編隊を狙って投下した空対空攻撃用の三号爆弾の黄燐火薬の炸裂煙が2つ拡がっており、米軍爆撃機が海上の目標を狙って投下した爆弾の同じ種類の火薬の炸裂煙と入り混じっている。

この時期、日本軍は明らかに守勢に立つように変わっていたが、第5航空軍の多くの乗員たちは、太平洋戦争全体にわたる多くの戦いの中で11月2日は最も苦しい戦闘だったと記憶しており、"血まみれの火曜日"と呼んでいる。これは海軍の戦闘機パイロットたちがまだ恐るべき戦力だったことを示している。

図版H：1945年（昭和20年）頃の搭乗員の装備

大戦末期の日本海軍パイロットの装備のイラストである。数年前とほとんど変わっていない。航空帽は戦争後期の三式飛行帽（図1）であり、耳フラップに無線電話イヤフォンを差し込むアルミ製のカップが作りつけられている。航空帽の頂部には無線電話のコードを通すストラップがあり、この図では見えない右側面には無線電話のコードとプラグのアタッチメントが取りつけられている。酸素マスクのパイプの装着装置も取りつけられている。この型のヘルメットは日本海軍が大戦の末期に限られた範囲で使用しただけである。図2は大戦後期型の航空眼鏡であり、陸軍の乗員の装備と共通化されていた。レンズの側面沿いに空気穴が点々と開けられている。

図3の南部式拳銃は以前と同様に標準的な装備だったが、使用範囲は外地だけであり、本土防空任務の搭乗員は携行しなかった。

図の左側のイラストの搭乗員が着用しているのは、ギャバジン製、上下が分かれた夏季用の飛行服であり、上衣の前合わせはボタン留めになっている。これは袖口にボタンがついた前期型であり、後期型の袖口はジッパーつきに変わった。左胸には白い布地の名札が縫いつけられている。絹のスカーフは海軍の搭乗員たちの間で広く使用され、多くは廃品になった落下傘を裂いたものだった。図4は革製の黒い飛行用半長靴で、踵はゴム製だった。これは戦争全期を通じての標準装備であり、図版Cに描かれた人物の半長靴も同じ型である。彼の右袖、二の腕の部分には日の丸の旗が縫い付けられ、彼が日本の軍人であることが強調されている。1945年2月17日、本土上空の戦闘に参加していた日本海軍のパイロットが農村地帯に落下傘降下した時に、この土地の日本の民間人の集団が、彼を米軍の乗員だと信じ込んで襲いかかり、殺害してしまった事件が発生したため、陸海軍両方とも飛行服の袖に日の丸をつけるようになった。

図5はカポック詰めの救命胴衣、図6は革製の航空手袋であり、いずれも戦争全期にわたって変わらなかった（図版Cに描かれているものと同じ）。

編隊離水滑走中の九三中練の水上機型、九三式水上中間練習機（K5Y2）。

◎著者紹介 | 多賀谷 修牟（たがやおさむ）

元日本海軍航空技術廠将校の子息であり、日本の航空についての著書数冊——その内の1冊はスミソニアン協会のための著作——がある。日本で生まれ、米国で教育を受け、英国に住んだこともある彼は、バイリンガルの能力と幅広い文化的なパースペクティヴを持ち、それを彼が生涯の仕事としている航空研究に活用している。本書はオスプレイ社から刊行された彼の著書の2冊目である。

◎訳者紹介 | 手島 尚（てしまたかし）

1934年沖縄県南大東島生まれ。1957年、慶應義塾大学経済学部卒業後、日本航空に入社。1994年に退職。1960年代から航空関係の記事を執筆し、翻訳も手がける。訳書に『ドイツ空軍戦記』『最後のドイツ空軍』『西部戦線の独空軍』（以上朝日ソノラマ刊）、『ボーイング747を創った男たち』（講談社刊）、『クリムゾンスカイ』（光人社刊）、『ユンカース Ju87シュトゥーカ 1937-1941 急降下爆撃航空団の戦歴』（大日本絵画刊）、などがある。

オスプレイ軍用機シリーズ 46

日本海軍航空隊ガイドブック
1937-1945

発行日	2004年9月9日　初版第1刷
著者	多賀谷 修牟
訳者	手島 尚
発行者	小川光二
発行所	株式会社大日本絵画 〒101-0054 東京都千代田区神田錦町1丁目7番地 電話：03-3294-7861 http://www.kaiga.co.jp
編集	株式会社アートボックス
装幀・デザイン	関口八重子
印刷/製本	大日本印刷株式会社

©2003 Osprey Publishing Limited
Printed in Japan
ISBN4-499-22849-2 C0076

**Imperial Japanese
Naval Aviator 1937-45**
Osamu Tagaya

First published in Great Britain in 2003, by Osprey Publishing Ltd, Elms Court, Chapel Way, Botley, Oxford, OX2 9LP. All rights reserved.
Japanese language translation ©2004 Dainippon Kaiga Co., Ltd.

Artist's note
Readers may care to note that the original paintings from which the color plates in this book were prepared are available for private sale. All reproduction copyright whatsoever is retained by the Publishers. All enquiries should be addressed to:

John White,
5107-C Monroe Road,
Charlotte,
North Carolina 28205,
704-537-7717,
USA

The Publishers regret that they can enter into no correspondence upon this matter.

Author's acknowledgments
My sincere thanks go to the following individuals for their kind help, advice and support in the preparation of this title: Richard Dunn, Robert C. Mikesh, Gary Nila, Henry Sakaida, Yoshio Tagaya, and Edward M. Young. My heartfelt thanks also go to the editorial staff at Osprey Publishing for their unlimited patience during the long preparation of this book.

Editor's note
All photographs are from the author's collection unless otherwise stated.
All references to education levels in the text refer to the prewar and wartime system unless specifically noted otherwise.